任性出版

這是一個好問題

那會怎麼樣

2

承認未知事物，然後想像可能答案，
是所有科學探索的開始。

中山大學天文與空間科學研究院院長
李淼——— 著
垂垂——— 插畫

CONTENTS

第 2 章 掌握規律，可以破除魔法 083

推薦序

培養科學素養，
提問比答案更有用

臉書粉絲頁「阿魯米玩科學」版主／**盧俊良**

　　日常生活中，孩子們常提出稀奇古怪的問題，身為大人的家長、老師們，也常常被這些看似無厘頭的問題嚇一跳。在答不出來的窘況下，最常見的解決方法就是顧左右而言他，打發一下孩子，就把問題拋到九霄雲外。

　　但是，對孩子來說，能提出問題，代表他們對這個世界存有好奇心，而且期望與世界做連結，問題越多的孩子，其觀察力也越敏銳。因此，透過孩子的問題，培養他們對事物的好奇心，知道如何觀察與提問；利用科學方法與科學的態度，和孩子們一起搜尋資料與討論，除了獲得科學的知識，也能增加孩子探索世界的動力。

　　近來深受家長們關心的 108 課綱強調「以學生為主體」的教學方式，希望教學內容不僅限於課本內，孩子也能將知識延伸至日常生活。

《這是一個好問題 1：這是為什麼》、《這是一個好問題 2：那會怎麼樣》這套書所收錄的問題，就是很好的課外讀物。

比方說，「宇宙大爆炸的瞬間，發生了什麼？」、「騎腳踏車為什麼不會倒？」、「聖母峰的高度，是怎麼測出來的？」（按：請參考這套書第一冊）在森羅萬象的問題中，不僅包含了數學、地球科學、天文學、物理學等專業領域，亦有別於以往需要大量記憶、背誦的學習內容，並連結 108 課綱所注重的素養能力及應用——將各科的知識內容融會貫通，應用於現實生活。

這套書收錄的問題，大部分都來自於小朋友生活中的觀察，也呼應了 108 課綱核心素養基礎下的能力培養，首重讓孩子自己發掘問題、思考，並找到方法解決問題，以及習得反思能力。

本書作者李淼，身為學識豐富的物理學家，針對這些問題，沒有因發問者是學生而馬虎，而是透過淺顯易懂的文字與精美的插圖，傳遞平易近人的科學知識；讓孩子透過閱讀解開疑惑時，也能保持學習熱忱，從生活中發掘更多意想不到的問題。還有，藉由觸發更多的探究動機，建立孩子的科學素養，並整合跨領域、跨專業的資訊，達到接收多元訊息、拓展視野，以及整合知識的目的。

除了學科知識的「硬實力」外，期許各位讀者透過這套書，也能培養出素養教育所需的「軟實力」。

序言

這是一個好問題，
那會怎麼樣？

　　一直覺得人類之所以能成為地球上最聰明的動物，主要是因具備兩大技能：一，擁有一套完備的語言溝通技巧，能夠表達自己的想法；二，擁有邏輯思維和推理能力，這是人類社會得以不斷發展的基礎。

　　大部分的人都是先學習語言，再學習更抽象的科學知識。因此，有人對理科不感興趣，總覺得它很枯燥，這也很正常，只是不免讓人覺得有些遺憾。

　　我們該如何激發孩子對科學的興趣？最好的方法就是閱讀，因為相較於學校教科書來說，課外的科普書有趣多了。

　　我從事科普工作二十多年，接觸到的讀者、聽眾大都是成年人。一直到 2015 年，線上課程興起，我剛好有機會教孩子科學知識，而且那次講的還是不好懂的量子力學（Quantum mechanics）。沒想到，講課效果卻出奇的好。我想，成功的祕訣就是用故事介紹抽

象的物理學知識。後來，我又陸續出版了《給孩子講量子力學》等「大科學家講給小朋友的前沿物理學」系列的其他 3 本書。

現在大家打開的《這是一個好問題 2：那會怎麼樣》，對我來說是全新的嘗試。

這套書共兩冊，收錄了 123 個問題。特別的是，這些問題都不是我自己想的，而是**很多孩子和曾經是孩子的大人提出來的**。這一點很重要——我們應該讓讀者，而非創作者或出版者提出問題，畢竟**讀者感興趣的問題，才是最有趣、最有價值的問題**。

書中很多問題都與我們的日常生活有關，例如：「吹出來的氣是涼的，哈出來的氣卻是熱的？」、「騎腳踏車為什麼不會倒？」（按：請參考《這是一個好問題 1：這是為什麼》）這類大家都習以**為常卻不知緣由的問題**。

除了觀察與思考日常生活的小問題，書中還有仰望星空後提出的「大」問題，例如「有沒有直徑一光年的星球？」。答案自然是否定的，但理由得具體且讓人信服。有一些問題比較抽象，但也很有意思，例如「一百維的世界會怎麼樣？」；還有些問題，網路上有各種答案，但大多是錯誤的。

無論如何，我在寫這本書時很開心，因為有些問題連我自己也想不到。

就創作過程而言，這套書不同於過去的作品。我不再只是講故

事給大家聽，而是想像自己正面對著一個個不同的提問者，因此我除了會以 Q&A 的方式，也會盡量表現得詼諧有趣一點。

　　我有幸遇到一位非常優秀的插畫家──垂垂，她的插圖新穎又充滿想像力，總能以既有趣、又有創意的方式，將科學知識描繪出來。大家閱讀的時候，會發現書中有很多精心設計的插畫細節。

　　最後，我衷心希望大家能喜歡這套書，也歡迎大家提出一個好問題。

作者／李淼

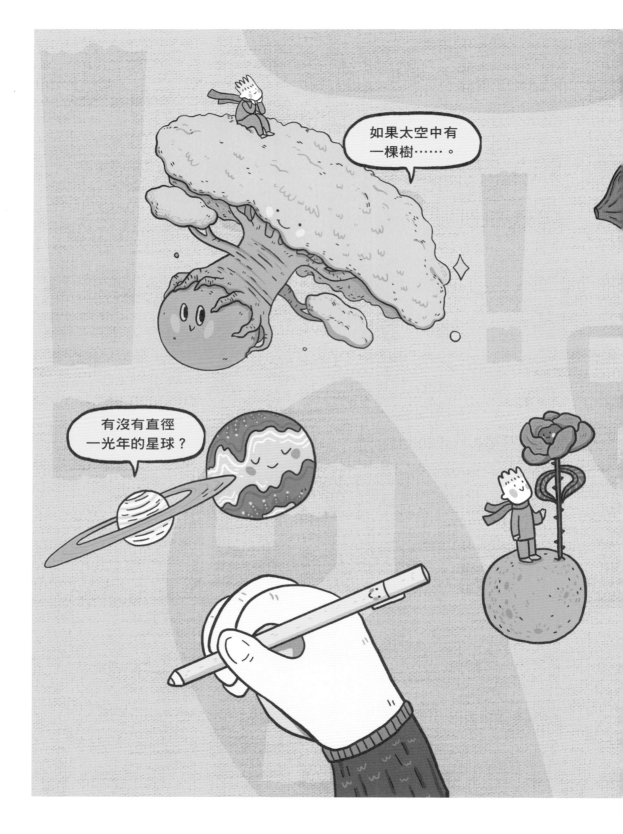

第 **1** 章

想像力，
就是人類超能力

一束光有多重？

從海螺裡可以聽到
大海的聲音嗎？

神 奇 商 店

人就像數一樣，
總有比你更厲害的。

世界知名科學家喬治・加莫夫（George Gamow）的科普著作《從一到無限大》（*One Two Three...Infinity*）提到過，原始人大概只能從 1 數到 3，再往後，所有的數字對他們來說都是無窮大。

人如果能記得兩歲時的事（我猜大多數人可能都不記得），那麼也許還記得自己學數數的事。例如，爸爸一次買了許多糖給你，你可能曾經一顆顆的數，你還記得當時自己能數到幾嗎？

當然，現在的孩子都很厲害，能數到很大的數字。說不定媽媽給你一碗米，說你如果數完這碗米，一個月內每天都能玩 3 個小時的手機，你也能耐心的數出來！沒有別人的激勵，很多人都不會耐心的數完。不過，現在有很多人都覺得有趣，還拍成影片上傳到網路。

怎麼樣，
我給的答案，你還
滿意嗎？

無窮大……
真的算答案嗎？

我就看到有人真的花了幾個小時，將一碗米的數量數了出來——大約有兩萬粒。想想看，一碗米有兩萬粒，10 碗米有多少粒？自然是 2 萬乘以 10，也就是 20 萬粒。假如一袋米正好有 20 萬粒米，那 10 袋米有多少粒？

這個遊戲可以一直玩下去。無論你當下得到的數有多大，總可以將其再乘以 10。是的，總有一個更大的數存在！

讀到這裡，你是不是覺得自己上當了？世界上最大的數是多少？如果你非要一個標準答案，科學家倒可以給你一個——無窮大！

科學小知識

宇宙大爆炸理論創始人之一

喬治・加莫夫（1904 年～1968 年），二十世紀最有影響力的科學家之一，出生於俄國，也是美籍核子物理學家和宇宙學家、享譽世界的科普作家。曾和開拓原子軌道理論（按：最知名的是拉塞福散射實驗，他用 α 粒子去打金箔，發現有少數的 α 粒子會大角度的偏轉，甚至是反彈）的原子核物理學之父歐內斯特・拉塞福（Ernest Rutherford）一起從事研究工作。

要想做到忘我，
不妨試試專心致志。

這個問題可難倒我了，「什麼都沒有」太難想像了。

有的人可能覺得，這有什麼難的，什麼都沒有不就是真空，真空裡就什麼都沒有。

我們平常說的真空，裡面確實什麼實物都沒有，可是別忘了，真空本身也是一種存在。就拿地球之外的太空來說，如果沒有太空，太空站建在哪裡？不過，這個例子其實不太恰當，因為**太空並不是絕對的真空，絕對的真空並不存在**。

既然真空也是一種東西，那麼我們只有消滅真空才能達到什麼都沒有。這可不是一件容易的事，因為你連「什麼都沒有」是什麼意思都不知道，那又怎麼知道如何才算消滅真空？

好吧，我來打個比方。大家都看過燒開水，水燒開了，裡面會冒出一堆氣泡。

如果你不小心忘了關火，時間一長，水就被燒乾了 [1]。現在，請你將水想像成真空（水當然不是真空，這裡只是讓你想像一下），燒水就相當於燒真空，時間一長，真空也和水一樣被燒乾了。

　　你可能會不滿意上面這個答案。沒關係，如果不滿意，那你就想像真空中有一個沒有「裡面」的氣泡，也就是一個只有表面、沒有裡面的東西。

　　當氣泡因為某種原因開始膨脹，表面越來越大，最後這些表面將整個真空都吞噬了。好了，現在只剩下「什麼都沒有」。

1.　水燒開很危險，易引起火災，請注意安全用火，切勿試驗。

幻想，讓科學插上了翅膀。

很遺憾的，我必須告訴你，你從海螺裡（準確來說是空的螺殼裡）聽不到大海的聲音，雖然我小時候也對此深信不疑。

不信的話，你可以將手五指併攏握成勺形，然後摀住耳朵，也會聽到嗡嗡的聲音。顯然，你的手和大海沒有關係，你聽到的也不是大海的聲音。

那從海螺殼裡聽到的嗡嗡聲，到底是怎麼回事？

一般來說，把海螺殼扣在耳朵上，螺殼和人臉形成一個密閉的空氣柱，當其中充滿了空氣，空氣就會以固定頻率（波每秒振動的次數）振動。

如果空氣柱中空氣振動的固有頻率接近或相等於周圍聲音的頻率，就會發生共振，引起共鳴，於是我們就聽到大海的聲音了。而且，螺殼越大，我們聽到的聲音就越低沉，也就是頻率越低。

對於引起海螺殼內空氣柱共振的原因，眾說紛紜。有人認為是周圍環境的聲音，有人則認為是人體血管內血液流動的聲音。你很難用實驗驗證，除非能找到密封得非常好的空間。

　　你可以做一個簡單的實驗，來感受一下共振現象。準備一個玻璃杯，用手指在玻璃杯口來回摩擦，當手指摩擦杯口的頻率接近或等同於杯子的固有頻率時，杯子會發出聲音。很神奇吧？

　　其實，最令人印象深刻的例子，莫過於一隊士兵步伐整齊劃一的走在橋上——橋塌了。這就是共振的結果。看來，共振除了能喚起人們浪漫的想像，還可能帶來可怕的災難。你知道身邊還有哪些現象是由共振引起的嗎？

量力而為，也是一種生存智慧。

　　以我自己的經驗來說，我有時會為了減肥去健身房跑步。一小時下來，我大約能消耗 500 卡路里（calorie，以下簡稱卡）。你可別小看跑步，很多人都做不到。踩跑步機時，我的平均心跳頻率為 150 次／分，而一個人靜坐時的心跳頻率一般不高於 90 次／分。心跳快，代表心臟快速供氧給人體，而人體消耗能量需要氧氣的參與。也就是說，**心跳加速其實是我們快速消耗能量的表現**。

　　根據能量守恆定律（law of conservation of energy），我們**消耗的能量理論上是可以用來發電的**。

　　那麼，我踩一小時跑步機所消耗的 500 卡是什麼概念？一卡大約相當於 4 焦耳（符號為 J，亦稱焦），500 卡則大約相當於 2,000 焦耳，而一度電相當於 3,600 焦耳的能量。

　　也就是說，我忙了一小時也就差不多 0.5 度電，只夠一個普通燈泡亮一天。算了，我們還是放過倉鼠吧！

科學小知識

　　焦耳和卡都是能量單位，兩者可以相互換算，一卡＝ 4.186 焦耳。

5 烏龜 能活著 爬到 月球嗎？

烏龜登月大挑戰

走自己的路，
也可以走別人走好的路。

我們人類把烏龜當作長壽的象徵，且用「龜速」來形容速度緩慢。烏龜壽命很長而行動緩慢，不正是和時間與空間對立嗎？

這是一個好玩的問題，讓我想想怎麼回答。

首先你要知道，月球與地球之間的平均距離為 38 萬公里。雖然從整個宇宙尺度來看，這段距離並不算太遙遠（地球與太陽之間的平均距離差不多有 1.5 億公里），但即使是以每小時 300 公里晝夜不停行駛的高速列車，也要五十多天才能從地球抵達月球。

更何況是只能以龜速前進的烏龜？當然，目前地球與月球之間還沒有鐵路，不過人類構想出了一部連通地球與月球的太空梯。雖然這個構想目前看來有點異想天開，但非常浪漫，不是嗎？

我相信，這樣的奇蹟總有一天會發生。看一看人類建造的那些偉大工程，比如被稱為世界奇蹟的港珠澳大橋，你也會和我一樣充滿信心。

現在，讓我們假設連接地球和月球的太空梯已經落成，它長達 38 萬公里。再來看看這隻「飛天」烏龜的命運吧！如果每分鐘能

爬一公尺，牠從地球爬到月球需要七百多年！

這麼一算，我覺得牠大概只能老死途中了，畢竟烏龜再長壽，最多也只能活一、兩百年。

據說，有一種烏龜每分鐘能爬 17 公尺，那麼牠只需要四十多年就能到達月球。不過，牠還需要有人補給物資，有水喝、有東西吃才行。

這可真是一項「費烏龜」的大工程！如果換成人類？人類沿著太空梯步行到月球需要多長時間？動動腦筋吧！

科學小知識

太空梯是人類設想的一種通往太空的「天梯」，用於實現地球與太空站的物資交換。

你們還在直播嗎？

用科學的想像力，
搭建屬於你的星球吧！

　　如果你讀過法國作家安托萬・德・聖-埃克蘇佩里（Antoine de Saint-Exupéry）的著作《小王子》（*Le Petit Prince*），一定記得下面的情節：小王子來自一個只有一座房子那麼大的星球——B-612 號小行星；這個星球上既有好植物、也有壞植物，巴歐巴樹（熱帶麵包樹）就是一種不好的植物，如果不及時清理，它就會長很快，最後甚至會吞沒整個星球。

　　我們試著從科學的角度，來談一談這棵樹吧！

　　B-612 號小行星如此之小，以至於幾乎沒有引力。這麼說來，巴歐巴樹不就像長在太空中嗎？那麼它是如何生長的？

　　假設小王子居住的 B-612 號小行星靠近一顆恆星，且處於宜居帶，即溫度、大氣、水分等都適合植物生長，那麼巴歐巴樹確實能從小行星上汲取養分。但接下來，我要告訴你，**樹的高度取決於樹能將從土壤裡汲取的水分輸送到多高的地方**。在這個過程中，植物體內極細的導管（毛細管）就有舉足輕重的作用，我們稱之為「毛細現象」（Capillary Action）。

現在，我們來想像一下這棵巴歐巴樹能長多高。由於 B-612 號小行星上幾乎沒有重力，樹的毛細管可以將水輸送到特別高的地方，所以這棵樹能長成參天大樹，占領 B-612 號小行星。或許小王子可以試試爬樹玩，由於 B-612 號小行星上幾乎沒有重力，爬樹也將變得相當容易。儘管如此，我建議還是不要爬得太高，因為雖然沒有掉下來的危險，但難保不會漂到宇宙中……。

不過，小王子可是一天看了 44 次日落的小小外星人，他說不定能來去自如！

科學小知識

將一根很細的玻璃管插在水杯中，玻璃管中的水位會上升（較水杯水面高），是表面張力作用的結果。

生活中類似的現象還有紙巾吸水：將紙巾一角輕輕浸在水中，水會在紙巾上逆勢而上。樹的毛細管就是透過這樣的方式，將水從低處的土壤中不斷運送到高處的枝幹和莖葉內。

⑦ 用槓桿可

小力勝大力，
就是四兩撥千金。

古希臘數學家阿基米德（Archimedes of Syracuse）曾說：「給我一個支點，我就可以撬動整個地球。」他想要強調的是槓桿的作用，也就是可以用較小的力撬動重量非常大的物體。這裡有個關鍵字——重量。

那麼，地球本身的重量是多少？

考慮過我們感受嗎？

以撬動地球嗎？

　　這裡需要說明一下：當我們談論一個物體的重量時，其實有一個前提：物體的**重量，受地球引力的大小**而產生。如果沒有地球的引力，物體就會處於懸浮狀態。

　　我們可以回想一下太空人在太空站，沒有任何束縛的物體都自由的飄浮著。當我們在地球之外觀察地球時，地球也像太空站中的物體一樣，懸浮於太空中。

　　正因如此，我們在茫茫太空中根本無法找到一個固定的支點。縱使有人力大無窮，但支點卻處於懸浮狀態，此時在槓桿一端施力就像一拳打在棉花上，支點和槓桿將不受控制的移動，地球上的槓桿在太空中也不適用。

不過，我們倒是可以換個思路，看看能否透過改變地球的運動軌跡，讓地球停止繞太陽公轉並將它撬起來。

　　這是有可能的，中國科幻電影《流浪地球》中就有類似的場景——地面上的大量行星發動機，將地球緩緩推離原有軌道。

　　雖然不能利用槓桿撬動地球，但人們在日常生活中卻用它解決了很多問題，比如用開瓶器打開啤酒瓶蓋、用羊角錘拔釘子、用鉗子夾物體等，都應用了槓桿原理。

科學小知識

　　早在兩千多年前的春秋戰國時期，我們的祖先就已經在使用秤，而秤用的就是槓桿原理。

並不是只有轉瞬即逝的東西，才需要珍惜。

　　夜幕降臨，我們仰望夜空，星星一閃一閃亮晶晶。星星是不是涼涼的？不知道有沒有人和小時候的我一樣，在仰望星空時有過這樣的疑問？

　　其實，星星表面的溫度可不低。不過，不同星星表面的溫度並不相同。比方說太陽，它目前是一顆黃矮星[2]（按：正式名稱為 GV 恆星），表面的溫度接近 6,000℃。接近太陽，不要說手，我們所知道的所有金屬都會變成氣體消散，否則人類早就嘗試登日。太陽看上去是黃色的，但為什麼陽光是白色的？

　　這是因為陽光是由紅色、橙色、黃色、綠色等 7 種顏色的光

---

2. 水位在主序帶上的恆星，及主序星。光譜型為 O、B、A 的矮星，稱為藍矮星（如天狼）；光譜型為 F、G 的矮星，稱為黃矮星（如太陽）。

混合而成，而它們混合的結果就是白光。你如果仔細看就會發現，天上星星的顏色其實是不一樣的，這代表它們表面的溫度不一樣。

現在。我們再回來談流星（流星體的俗稱）。

流星表面的溫度也很高，**具體溫度取決於流星的速度——速度越快，表面溫度就越高。**

當流星劃過夜空時，隕石前面的空氣被劇烈壓縮，因溫度同時急速升高，熱量傳到流星表面，從而也使流星燃燒並發光了。

話說回來，誰能追上流星？誰又能趕在流星燃燒殆盡之前找到它？當然，如果流星落到地面變成隕石，我們倒是有機會握住它。那你覺得握起來手感會如何？

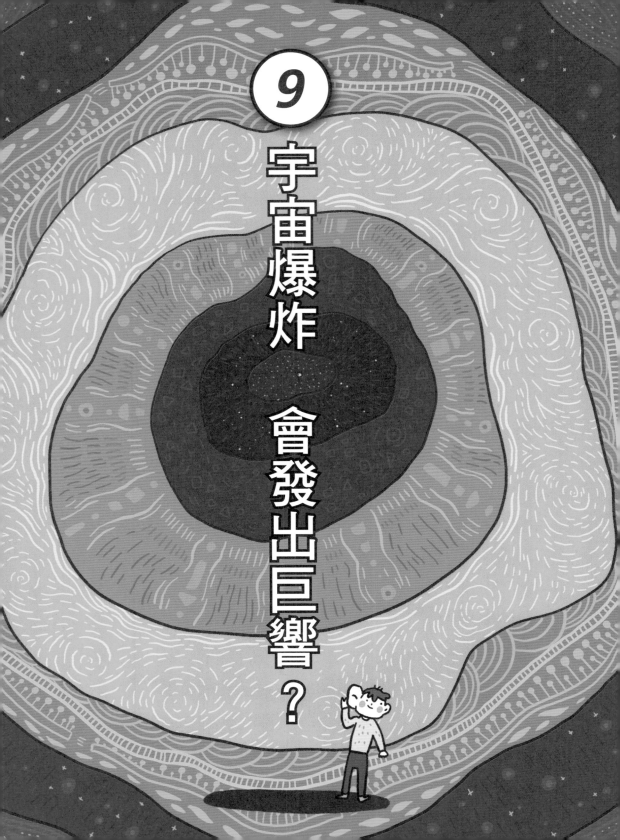

9

宇宙爆炸　會發出巨響？

過耳之言，不可聽信。

什麼是宇宙大爆炸？宇宙大爆炸的瞬間是什麼樣的？是像一座大樓爆破時那樣嗎？還是和氣球被吹爆時一樣？……提到宇宙大爆炸，大家的腦海中可能會有一大堆疑問。

事實上，宇宙大爆炸與我們在地球上見過的任何一場爆炸都不一樣。這要從宇宙誕生的那一刻說起。

對一般人而言，宇宙彷彿是永恆不變的，今年的夜空看起來和去年一樣，也將成為明年的夜空。但天文學家和物理學家就是有不可思議的「考古」本領。

他們發現，宇宙每時每刻的狀態都不一樣。比如說，在不考慮引力的前提下，仙女星系（Andromeda Galaxy）將以每秒 54 公里的速度遠去，這是因為整個宇宙在不停的膨脹（按：美國航空太空總署〔NASA〕預測，銀河系將會與仙女座星系對撞、合併成蝴蝶星系）。但在 1920 年代末，不要說一般人，就連著名理論物理學家阿爾伯特・愛因斯坦（Albert Einstein）都不相信宇宙在膨脹。可事實已經擺在眼前！科學家們甚至說，137 億年前的宇宙只有一個籃球那

麼大，它源於一場大爆炸。

據推測，宇宙大爆炸發生的那一瞬間（遠遠短於一秒）溫度高得不可思議，以至於我們無法準確描述它的溫度！在這麼高的溫度下，幾乎一切都無法存在。而我們都知道，聲音的傳播需要介質（如氣體、固體或液體）。

既然宇宙誕生之初溫度極高，那麼經過 137 億年的冷卻，宇宙應該仍有餘溫殘留，而現在整個宇宙的熱輻射（宇宙因具有溫度而產生的電磁輻射）──宇宙微波背景輻射 [3] 正是宇宙餘溫的體現。人類借助工具能夠接收到宇宙微波背景輻射，會聽到嘶嘶聲。非要說宇宙大爆炸有聲音的話，或許就只有這種聲音了。

實際上，宇宙大爆炸是一種比喻，用來形容宇宙誕生時的場景。宇宙在誕生後一直靜悄悄的，直到九十多億年之後，喧鬧的地球才出現。

3. Cosmic Microwave Background，簡稱CMB，又稱 3K 背景輻射。

10 地球為什麼不是方的？

「存在即合理」：
凡現實、存在的東西，
都是合乎理性的。

地球上的物體千姿百態，無論是沒有生命的石頭，還是各類生物，都很少有方方正正的，當然其他形狀整齊的物體也很少見。倒是宇宙中的天體大都是球體，為什麼？

看了中國太空教師王亞平的太空實驗的人應該都知道，水滴在失重狀態下是一個完美的球體。這是因為體積一定時，水的能量除了由溫度提供以外，均由表面張力提供。

根據最小作用量原理（principle of least action，物體以能量最小的狀態存在），球體是物體存在的最佳選擇。因為體積一定時，球體的表面積最小，表面張力所提供的表面能也就最小。

這麼看來，假如地球全部由水構成，且沒有受到萬有引力（Newton's law of universal gravitation，自然界中任何兩個物體都是相互吸引的，引力的大小和物體的質量乘積成正比）的影響，那麼它也是一個完美的球體——此時它就成了一個名副其實的水球。而在只受萬有引力的影響時，這個水球依然傾向達到能量最小狀態，也就是呈現一個完美的球體；但如果再加上自轉產生的離心力等因

素的影響，那麼它將成為一個光滑的「扁球」。

　　換個角度想想，我們常說水往低處流，就是因為萬有引力的存在。如果地球全部由水構成，且水是有限的，那麼它必然是一個球體，因為此時這個球體的表面到處都是低處，水不再流了。當然，地球並非全部由水構成，地表還有土壤、岩石等非液態物質。只是地球的體積實在太大，它的引力足以讓自身形成球體。

　　也就是說，**儘管土壤、岩石等是固態的，但最終還是會向低處走，讓自身以能量最小狀態存在，於是地球就成了一個球體。**

　　至於為什麼地表會高低不平，比如有高山、峽谷等，這主要是因為構成山體的岩石夠堅硬。即便如此，地球上最高山的高度也不超過 10 公里，這是因為岩石的硬度有限，它仍然無力抵抗強大的萬有引力作用。如果地球沒有現在這麼大（比如和一個小行星的體積差不多），萬有引力就不會大到壓倒岩石的程度，地球也就不會是圓的——這也是很多小行星形狀不規則的原因。

　　當然，地球上的很多石頭都是不規則的，那是因為**體積太小**，萬有引力的影響幾乎可以忽略不計。

發現新問題和以新角度看老問題，都需要創造力和想像力 。

即使用世界上最精準的測量儀器，我們也無法測出光的重量，因為光實在太輕了。儘管如此，**但光確實和其他物質一樣，是有重量的**。只是我無法告訴你「一束光有多重」，就像你無法回答「一眼泉水（按：指往外冒水的流動型泉水）有多重」一樣，因為你不知道一眼泉水到底有多少水，而我不知道一束光有多少光。

物質是由質子、中子等粒子（particle）構成。光子也是一種基本粒子，它們構成了光。因此，如果問題是：「已知一束光中有一億個光子，這束光有多重？」，那麼我能給出答案，這束光輕得超乎你的想像。

怎樣才能更具體的說明光的重量？

我們試試比較法。假設已知一公克的水約有 300 萬兆個水分子，假設一束黃光所含的光子數，和一公克水所含的水分子數相同，也是 300 萬兆，而我們根據一個光子的重量，能夠算出這束光的重量為 100 億分之一公克，也還是很輕。但現在我們知道，**在光子數與水分子數相同時，光的重量只有水的 100 億分之一。這束光比一粒灰塵輕多了！**

可能有讀者已經發現了，我說明光的重量時，假設的是一束黃光，這是因為光的重量除了和光子數有關，還和光的顏色有關。**不同顏色的光的頻率不同；頻率越高，能量就越大，光也就越重。**

科學小知識

光子無法像我們常見的物體一樣保持靜止，光子的靜止質量為零。但光子具有動質量，我們討論一束光的重量，討論的就是光的動質量——它的大小和光的頻率成正比。

你因為想當然而犯錯了？

　　太陽太大了，假如它是空心的，裡面可以塞一百多萬個地球！所以，別說地球上的大雨，就算將整個太平洋的水一股腦全部倒在太陽上，對澆滅太陽來說，也只是杯水車薪。那麼，假如有一朵比太陽大 100 倍甚至 1,000 倍的雲，且在太陽上方下雨，能將太陽澆滅嗎？答案依舊是不能。為什麼？

　　太陽的燃燒既不像燃氣的燃燒，也不像煤炭，更不像火柴的燃燒。我們**平常看到的這些燃燒現象，本質上都是化學反應**。而太陽燃燒時，它的內部會發生核反應，準確來說是核融合反應，也就是**較小的原子核經過一系列反應結合成較大的原子核，並釋放出大量能量**的現象。太陽內部的核融合主要是氫氦核融合，也就是氫原子核不斷融合成氦原子核──這是太陽燃燒的本質。

　　現在，我們回過頭來看看把水澆在太陽上。假定太陽上的大氣壓和地球上的一樣，也就是一個標準大氣壓。我們知道，在一個標準大氣壓下，水到了 100℃ 就會劇烈汽化成水蒸氣，而**太陽表面的溫度接近 6,000℃，所有水還沒接近太陽，都將變成水蒸氣。**

　　可能有人會問，如果水的規模遠大於太陽？太陽總不會把所有水都變成水蒸氣吧？這是一個好問題！讓我們假想一下，如果太陽被扔進一個比它大得多的水池，會發生什麼？

　　我們將看到下面的場景：太陽周圍的水不斷變成水蒸氣，而太陽燃燒得越來越劇烈，不斷的向外釋放熱量，於是水蒸氣越來越多。要知道，水分子含有氫，而氫正是太陽核融合（controlled nuclear fusion）所需的燃料，用水澆太陽反而是在提供燃料給太陽！

　　總之，再多的水，也無法澆滅太陽，用水澆太陽就是在「火上澆油」！

看來
真的可以
種太陽！

探索源於
對自然萬物的好奇心。

　　很多人在提及銀河系時，腦海中出現的其實是銀河（銀河是銀河系的一部分），它確實是有顏色的。天文攝影愛好者拍出來的銀河都是乳白色，幾乎沒有例外。之所以如此，是因為**天文攝影器材（天文望遠鏡＋相機），其實是捕捉到銀河系中很多恆星發出的光，**它們聚集在一起就是白色的。

　　但是，我們如果有拍攝到銀河系中的恆星，會發現這些恆星的顏色各不相同：有些恆星是紅色，有些是黃色，還有些是藍色。

　　就拿我們的太陽來說，太陽是一顆黃矮星，這和太陽表面的溫度有關：太陽表面的溫度接近 6,000℃，對應的恆星光譜顏色為黃色；有些恆星表面的溫度比太陽表面的高，它們的顏色以藍色為主；還有些恆星表面的溫度比太陽表面的低，它們的顏色則以紅色為主。

　　在黃矮星之外，還有白矮星（按：演化到末期的恆星；低光度、體積較小）、中子星（neutron star，恆星發生超新星爆炸後，質量較重的天體）等。銀河系中還有很多我們無法觀測到的物質，比

如星際介質（按：存在太空中，由原子和分子構成的塵埃和氣體）。

另外，科學家猜測，恆星和星際介質也許都不是銀河系的主要組成部分，更多其實是暗物質（Dark Matter，宇宙中看不到的物質）。暗物質在質量上占據地位，因而主導了銀河系中恆星的運動。因暗物質既不發光，又不吸收、不反射光，所以沒有顏色可言。

除了恆星、星際介質和暗物質，銀河系裡還有黑洞（black hole），它們的質量一般是太陽的幾倍到幾十倍。銀河系的中心有一個「巨無霸」，這個黑洞的質量是太陽質量的 400 萬倍左右。那麼，你來說說看，銀河系的中心是什麼顏色？

沒有選擇，
有時比有選擇更值得珍惜。

　　好久沒有看到流星了。小時候，夏天的夜晚，我們就會去外面乘涼，經常看到流星劃過夜空。

　　流星是固態的。當然，也不排除一些由氣體或液體構成的小天體會靠近地球，但它們進入大氣層後，通常不是飄散了，就是蒸發了，根本無法看見。因此，我敢保證你看到的流星大都是固態的。

　　那麼，流星為什麼會發光？我們在前面提過，流星的速度很快，使得它前面的空氣被壓縮並燃燒，從而將流星也點燃。雖然如此，流星沒有燃燒的部分依舊是固態。這麼一來，我們就可以理解為什麼流星的形狀無法隨意改變。

　　既然流星是固態的，那麼我們可以把它想像成類似石頭、木頭之類的東西。在沒有受到外力的情況下，它們的形狀便不會發生改變。

那麼，假如流星是液態或氣態？

液體的形狀是可以改變的，比如水，它們的形狀取決於容器的形狀。液體和固體有個共同點，那就是它們都有表面。但不同的是，**液體的表面易於改變，而固體的表面不易改變。**

從上述這點來看，流星如果是液態，說不定我們真能看到貓形流星！但氣體就不同了，氣體一般沒有表面，也就無法形成固定的形狀。例如，氣球裡充滿了氣體，你戳破氣球後，氣體就全都跑出來了。

既然自然界裡沒有貓形流星，那能不能人為製造出來？

說不定真的可以實現。現在已有衛星公司為客戶訂製流星雨（按：日本太空娛樂公司 Astro Live Experiences 曾於 2019 年初向太空發射一顆裝載流星粒子的衛星），客戶可以選擇時間、地點，甚至還能選擇顏色，厲害吧？

看，煙火款流星雨！

時間也是一種壓力，
沒有「功」是白做的。

在回答這個問題之前，我們要了解一下為什麼汽車相撞時，車裡的人會受傷。

冬天你去溜冰的時候，你是怎麼滑起來的？你是不是穿著冰鞋蹬一下冰面，就向前滑了？

這個動作可不平常，我們會利用到牛頓第三運動定律（Newton's third law of motion）。接下來，我們來做一個實驗。

想像一下，你和一位朋友面對面站在冰面上，然後你推了對方一把，接下來會發生什麼事？你們都後退了。原來，你給朋友的推力，這個力反過來也作用在你自己身上，這就是牛頓第三運動定律**──兩個物體之間的作用力和反作用力大小相等、方向相反，且在同一條直線上。**

根據牛頓第三運動定律，兩輛汽車相撞時，它們的結局幾乎一樣──基本上都會受損（當然，汽車品質不同，受損程度也不同），而汽車所受的力會傳到車裡的人身上，人就有可能受傷。

那麼，如果用軟一點的材料（比如棉花）來製作汽車，汽車相

撞時，人是不是就不會受傷了？

　　現在，請想像一個人駕駛著一輛用棉花製作的汽車，不小心和另一輛用棉花製作的汽車相撞，但相撞以後，汽車會停下來吧？讓車停下來需要力，對吧？這個力還是會傳到人身上！當然，在這樣的情況下，人受傷的程度會輕一點，這就是為什麼汽車都必須配備安全氣囊。

這就是為什麼聰明人不會去踢石頭。

16 如果飛機一直向上飛……

能飛進太空嗎？

目標正確比目標高遠更重要。

　　地球上最早出現會飛的動物是昆蟲。之後，會飛的恐龍——始祖鳥出現了，牠被認為是鳥類的祖先。昆蟲和鳥類飛行的原理類似，牠們扇動翅膀擊打空氣，對空氣施力。根據牛頓第三運動定律，空氣也會對翅膀施加反作用力，於是牠們就飛起來了。

　　很早以前，人類也曾試圖模仿昆蟲和鳥類飛行，但是沒有成功。後來，美國萊特兄弟（Wilbur Wright）觀察到，雄鷹盤旋時不扇動翅膀，也不會掉下來。於是，他們得到啟發，發明了飛機。當然，萊特兄弟發明的飛機有兩對，也就是 4 個機翼。後來，飛機逐漸演變成我們現在看到的樣子，也就是只有兩個不動的機翼。

　　你也許會問，機翼無法擊打空氣，飛機是如何飛起來的？原理說起來並不複雜。你仔細觀察飛機的機翼就會發現，機翼的上表面呈弧形，因此空氣通過機翼上的路徑比機翼下長，這就導致機翼上方空氣的流動速度比下方快。

根據白努利原理（Bernoulli's law），機翼下表面的壓力比上表面大，飛機獲得升力，就被推上了天！當然，飛機能上天還和很多因素有關，如動力裝置、飛機的製作材料等。

現在你應該明白了，**沒有空氣，飛機是飛不起來的**。

這時你再來看這個問題，答案就很清楚了：大氣層越往上的地方，空氣就越稀薄，而太空幾乎沒有空氣；飛機無法獲得足夠的升力，當然無法無限制的往上飛或飛進太空。至於太空梭為什麼能飛進太空，原理就完全不同了。

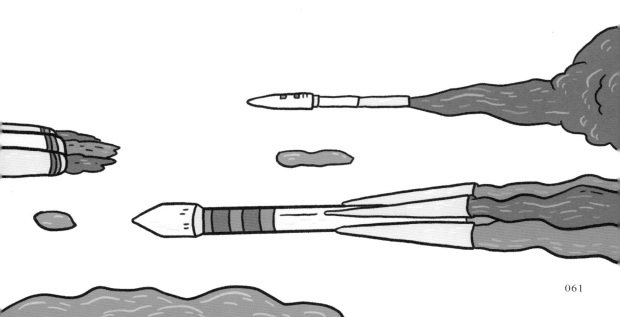

人多不一定力量大，
關鍵是要齊心協力。

　　我們先來思考一個看似無關的問題，飛機的推力到底是從哪裡來的？

　　當然，世界上有不同種類的飛機，比如噴射機、螺旋槳飛機等，我想這個題目應該是指噴射機的推進方式。噴射機和火箭升空的原理類似。你一定在電視上或網路上看過火箭發射的過程：點火以後，火箭在劇烈的光焰和噴湧的氣體中騰空而起。

　　噴射機和火箭，雖然一個向前飛、一個向上飛，但都是透過排出氣體獲得反作用力來行進：噴射機靠向後高速噴射氣體，獲得向前的推力；火箭靠向下噴出高溫氣體，獲得向上的推力。

　　實際上，船舶的航行原理也很類似，靠向後排開大量河水或海水來獲得前進的力。還有更簡單的例子，正如我在前面所說的，如果你和朋友站在冰面上，你推了對方一把，雙方都會向後退。

　　世界就是這樣，萬物皆有關聯。接下來我要問你，向後噴射的氣體和噴氣射機獲得向前的推力之間有什麼關係？現在要說到關鍵之處了，如果噴出的氣體太少、太輕可不行，飛機無法獲得足夠的

推力。也就是說，**只有快速噴出大量氣體，飛機才能向前飛行。**

　　同樣的道理，如果全世界的人一起朝西跑，理論上，因人的腳蹬地，地球會獲得一個向東的作用力；如果這個力夠大，確實會加快地球的旋轉速度。但是，世界上所有人朝同一個方向奔跑，給地球的推力還是太小，因此地球旋轉速度的變化幾乎無法被覺察。

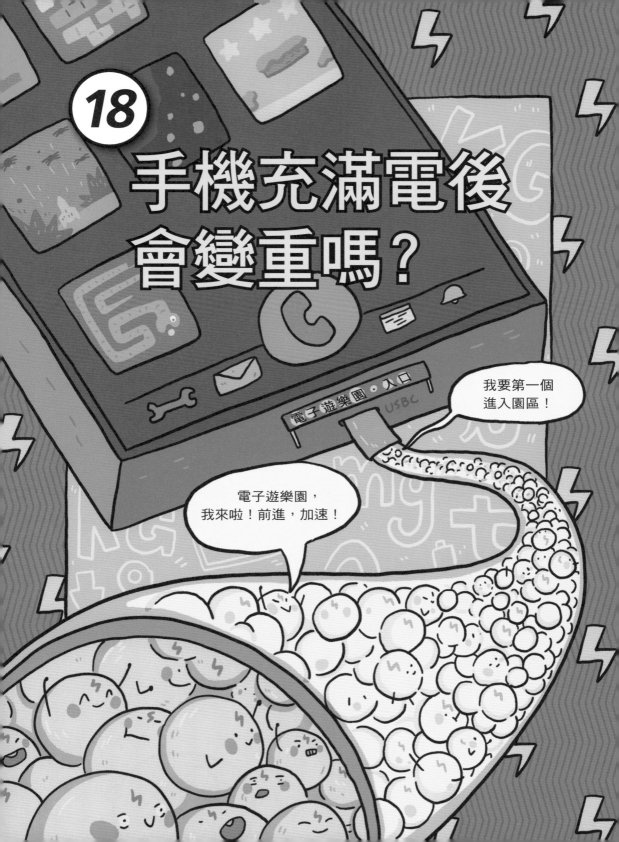

沒有想像力，就沒有人類世界。

這個問題和「一束光有多重」（按：請參見第 44 頁）可說是異曲同工。為什麼這麼說？看到最後你就明白啦！

我們知道，手機的電源是電池──不是裝在遙控器裡的普通電池，而是鋰電池。儘管不同種類的電池外形不一樣，但工作原理基本上是一樣的：都是先將能量以化學能的形式儲存起來，電池和外面的電路接通後，化學能轉化成電能並釋放出去。

很久以前，人們以為電是一種特殊物質，比如認為下雨天的閃電是烏雲釋放的一種特殊物質。後來，人們漸漸認識到**物質中帶電的是電子和離子，而離子就是原子得到或失去電子後形成的粒子。**所謂金屬導電，其實就是電子的定向移動，但在這個過程中，金屬不會得到或失去電子，也就是說金屬不會因為長時間導電而變輕。同樣的道理，當手機電池充電時，電池裡電子的數量也不會增加，只是發生了化學反應，化學能增加了。

　　因此，我們可以說手機充滿電後沒有變重。但其實這個說法還不夠嚴謹，因為根據愛因斯坦的質能互換公式（mass-energy equivalence，方程式為 $E = mc^2$，其中 E 表示能量，m 表示質量，c 表示真空中的光速），**能量和質量是同一種東西，能量就是質量，質量就是能量。**

　　從這個角度來說，既然電池的能量增加，就意味著它的重量也增加。但是，手機增加的重量微乎其微。

　　根據質能方程 $E = mc^2$，可以推導出 $m = E / c^2$，c^2 數值超級大，所以手機因充電而增加的重量有多小就可想而知了。

　　有的人認為電有重量，覺得充滿電的手機比沒有電的手機更重，這大都源於自己的主觀感受。

只剩 1% 的電了⋯⋯
啊，得救了！

這座遊樂園不擠，
快來！

沒有荒謬的問題，
只有草率的答案。

在回答這個問題之前，我們來談談有關物態的話題。物態即物質的狀態，地球上物質的狀態一般有 3 種：**氣態、液態和固態**。一般而言，空氣是氣態、水是液態，石頭和木頭則是固態。

此外，在實驗室或自然界中，物質還會以等離子體（態）、中子態等形式存在。

大家都知道，固體的形狀不易改變。氣體和液體則有一個共同的特點，那就是形狀容易改變。想一想生活中的自然現象，大家很容易就能理解前面這句話：空氣流動形成了風；水既可以裝在不同形狀的容器裡，也可以在河床裡奔騰。既然氣體和液體的形狀都容易改變，我們如何界定一個東西是氣體，還是液體？**最簡單的方法是看它有沒有表面：液體有表面，氣體則沒有。**這又是為什麼？

從微觀層面看，液體分子間作用力比較大，而氣體分子間或原子間內部的作用力比較小。從宏觀層面看，液體存在表面張力，表面張力維持了液體表面的穩定；而氣體即使暫時存在表面，也因為張力小到可以忽略不計，而難以維持表面的穩定。中國太空教師王

亞平曾在中國太空站做了水球實驗和水膜張力實驗，充分展示了在失重狀態下，液體表面張力的作用（按：把金屬圈放入水袋中，然後慢慢的抽出。待金屬圈形成水膜後，放入花瓣摺紙，摺紙就會在水膜上一邊旋轉，一邊緩緩張開）。

現在，我們可以回答這個問題了。水滴有表面，是因為表面張力的作用，但它的表面不是固定的。水滴表面的形狀和它所處的環境有關。

例如，在失重的狀態下，由於水滴體積固定（此時水滴體積不易改變），呈球形可以實現表面積最小，即表面能[4]最小。而在正常情況下，由於還受到重力作用，水滴呈水滴形。水滴之所以不呈正方形或三角形，是因為根據最小作用量原理，水滴形的水滴位能和表面能加起來最小。

假如氣體也能維持表面的穩定……。

---

4. 創造物質表面時，破壞分子間作用力所需消耗的能量。

觀點不同，有時只是
看待事物的角度不同。

　　我們平常看到的彩虹都是弧形，幸運的人還見過雙彩虹（裡面的一道叫虹，外面的一道叫霓）。但無論是虹還是霓，我們看到的都不是環形（圓形），至少在地面上看不到。

　　事實上，**一道完整的彩虹是一個光環**。在回答這個問題之前，我們需要先搞懂為什麼彩虹看起來是弧形的。

　　先來了解彩虹形成的原理：陽光照射在空中接近球形的小水滴上，**光線進入水滴時發生折射，之後在水滴內亦以不同角度反射，在離開水滴時又發生折射**；陽光中不同波長的光經過小水滴的折射和反射後，以不同角度進入眼睛，於是我們就看到了弧形的彩虹。

　　而**彩虹 7 種顏色的順序**，則是因為水滴對光的色散作用：不同波長的光的折射率不同，偏向角（按：反射方向和入射方向間的夾角，請掃描右下方 QR Code）也不同，**紅光的偏向角小、紫光的偏向角大**，所以我們看見的彩虹中，紅光在最上方、紫光在最下方。

偏向角說明

　　至於為什麼彩虹都是窄窄的一道弧，而不是很寬的一片或布滿天空？這主要是由空氣中水滴的大小來決定：**水滴越大，彩虹顏色越鮮豔，也越窄；水滴越小，彩虹顏色越淡，也越寬**。

　　我們之所以在地面上沒看過環形的彩虹，是因為光環的另一半被地面擋住，我們看不到而已。不過，我也曾見過一圈環形的彩虹。當時有人在草坪澆水，陽光照射到水霧上形成了一圈環形的人造彩虹。這是因為從我背後射過來的陽光，與射入我眼睛的光線的交點形成的整個環，都在這片人造水霧中。

　　以下說明，可能會讓你更好理解：找一面白色的牆，在牆上以你正前方一點為圓心畫一個圓，然後以該圓形成的平面為底面，以你的眼睛為頂點構建一個圓錐模型。有人曾在飛機上見過環形的彩虹，也是類似的原理。

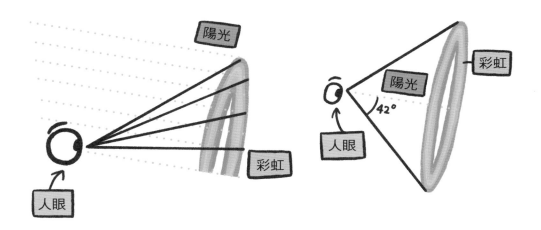

愛因斯坦曾說：
「想像力比知識更重要。」

　　光年，顧名思義，指光在（真空中）一年內走過的距離。真空中的光速約為 30 萬公里／秒，即光在真空中一秒大約能走 30 萬公里（至少繞地球 7.5 圈），一年大約能走 9.46 萬億公里。直徑一光年的星球……我覺得應該沒有，原因有兩個。

　　首先，天文學家至今都沒有觀測到如此大的星球；其次，萬有引力定律不允許這麼大的星球存在。

　　目前，天文學家發現的最大的恆星，半徑大約是太陽半徑的 2,000 倍。光看數字，你可能對這顆恆星的大小沒有概念，但如果我告訴你地球到太陽的距離差不多是太陽半徑的 200 倍，你大概就能感受到這顆恆星有多大。

　　光從太陽到達地球要 8 分鐘左右，也就是說光從這顆恆星的表面到達它的中心要 80 分鐘左右。雖然人類已知的這顆最大的恆星已經相當大，但和直徑一光年的星球相比，還是小得多。

　　為什麼說萬有引力定律不允許這麼大的星球存在？我們可以簡單的推導一下。根據萬有引力定律，一顆星球和它表面物體之間的

萬有引力與星球的質量成正比，與星球半徑的平方成反比。假設星球的密度固定，那麼星球的質量和它的體積成正比。由此我們可以推出，星球表面的引力和它的半徑成正比。

也就是說，**當星球的密度固定時，星球越大，表面的引力就越大**。要讓一顆直徑一光年的星球不坍縮（按：指恆星的物質收縮而擠壓在一起），構成該星球的物質的壓力要剛好與它表面的引力相抗衡。但是構成星球的物質（一般是氣體和固體）的壓力不會很大，這就決定了星球不可能太大。

你可能會問，那有沒有直徑一光年的黑洞？黑洞的大小原則上沒有上限，但黑洞可是讓光都無法逃逸的存在，我們用光年來衡量它的大小也就沒有太大意義了。

22 如果有外星人的話，
也有外星狗、外星貓嗎？

看待事物的標準不同，
結論不同。

你看過電影《星際大戰》（*Star Wars*），就會發現人們想像中的外星人真是形形色色，有長得矮小、奇特又十分可愛的絕地武士尤達大師，也有像赫特人賈霸這樣怪模怪樣的外星人。我覺得，既然有外星人（不管他們長什麼樣子），那麼也應該有外星狗、外星貓等其他外星動物，以及外星植物。

這是我從進化論（生物具有多樣性）的角度得出的結論。既然連足智多謀的外星人都有了，那麼其他外星哺乳動物，比如外星貓、外星

狗、外星猿、外星猴也可能出現。不過，地球生物的演變有時會因為意外事件而放慢步伐，比如歷史上幾次著名的生物大滅絕事件。

現在我們知道，在恐龍稱霸地球的時代，哺乳動物體型很小，只有現在的老鼠那樣大。牠們晝伏夜行——如果膽敢白天出來活動，一定會成為肉食性恐龍的盤中餐。在恐龍滅絕之後，哺乳動物才慢慢演化出越來越複雜的物種，甚至出現過巨大無比的凶猛動物，如劍齒虎和猛瑪象。不過，牠們再厲害也不是人類的對手。

自人類文明出現以來，很多壯碩的動物，如牛、馬甚至大象都被人類馴服，成為人類重要的生產力。而小一點的動物，如狗、貓，成為陪伴我們左右的寵物。對了，還有豬，人們一開始圈養牠們的目的是獲得肥料。

這樣看來，在地球之外的星球，生物可能也得進行一番由簡單到複雜、由低等到高等的演化，但這些都是我們根據地球生物的演化規律推測出來的。

不過，想像一下外星牛耕地、外星狗看門、外星貓呼呼大睡的畫面，也夠神奇的！

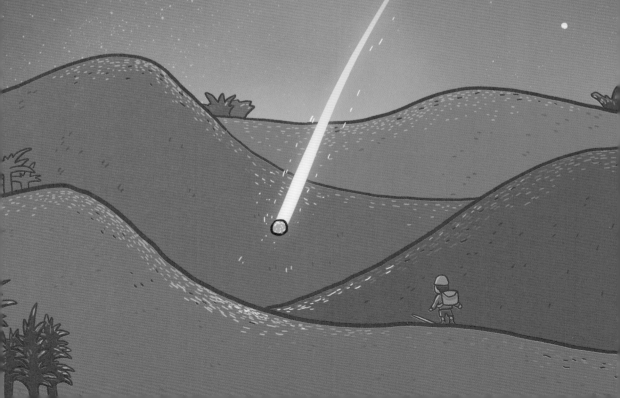

㉓ 為什麼星星會死?

> 一個人真正的光熱
> 源於內心深處。

你可能會想，天上的星星好像一直在閃爍，怎麼會「死」？

我們常說的星星，其實是一個統稱。夜空中那些肉眼可見的遙遠天體都被我們稱為星星，但其中只有恆星是因自身發光而閃爍。**行星、衛星等天體之所以看上去很亮，並不是因為它們發光，而是因為它們反射了恆星的光。**星星之「死」也不同於人類社會定義的死亡，而是消亡。既然如此，就讓我們煞風景的聊聊為什麼星星會死。

太陽是我們最熟悉的恆星。其實，其他恆星也都像太陽一樣會發出耀眼的光芒，只是因為距離地球太遙遠或亮度不夠，才成了我們眼中閃爍的星星。恆星發光通常是靠內部源源不斷的熱核融合——較輕的原子核經過強交互作用（Strong interaction），融合成較重的原子核並釋放出能量的過程。這裡的強交互作用，簡單來說就是一種將原子核內部的質子和中子束縛住的物理作用。而恆星內部的熱核融合通常是氫聚變成氦的反應——4 個氫原子核融合成一個氦原子核。

　　根據愛因斯坦能量守恆定律的核心觀點「質量等於能量」，我們知道，4 個氫原子核在變成一個氦原子核的過程中，釋放了不少能量，這就是恆星發光發熱的能量來源。

　　但恆星內部的質子總有被耗盡（熱核融合反應停止）的一天，且隨著時間的推移，恆星中的重元素越來越多，此時恆星就會突然爆發。現在的太陽是一顆黃矮星，進入演化後期，它會變成紅巨星；爆發後，又變成白矮星和星際塵埃。而質量更大的恆星，最後可能變成中子星，甚至黑洞（按：恆星演化過程，請參見《這是一個好問題 1：這是為什麼》第 153 頁）。

　　如此一來，恆星就死了，白矮星、中子星或黑洞就是一顆恆星可能的結局。質量更大的恆星壽命更短，因為它們內部的熱核反應更劇烈。

　　連恆星都難逃一劫，更別提行星、衛星。不過，它們消亡的原因和恆星的不同，比如地球，它的內部在發生原子核衰變，當衰變的原子核被耗盡，地球就死了。月球就是這樣死去後，成了地球的衛星。

看，我把自己拉起來了！

第 **2** 章

掌握規律，可以破除魔法

1

氣球

能把人
帶上天嗎?

> 想要飛得更高，
> 就要「充」滿能量。

　　有些氣球之所以能飛上天，主要是因為裡面的氣體比空氣輕。不過，比起氫氣球，氦氣球更常見，因為氦氣是惰性氣體（Noble gas，又稱稀有氣體），不像氫氣那樣易燃、易爆，而且更加安全。但在一些場合，氫氣球還是比較受歡迎，因為氫氣比氦氣輕，飄浮能力也更強。

　　一般來說，將鋅片放到裝有食醋溶液的瓶子中，然後把氣球套在瓶口，等氫氣累積到一定程度，氣球就會膨脹起來。只不過食醋中醋酸的濃度通常較低，且醋酸是一種弱酸，因此我們可能只能在鋅片表面看到些許氣泡，無法看到氣球被氫氣撐得鼓起來。

　　理論上，只要氫氣球夠大，把人帶上天是有可能的。那麼，多大的氫氣球才能帶人飛上天？讓我們利用阿基米德定律（Archimedes' law）簡單計算一下。

　　在不計算自身質量的情況下，**氫氣球受到的重力等於它在空氣中受到的浮力**（它排開的空氣所受到的重力），**減去球內氫氣受到的重力**。

　　為了方便計算，我們假設溫度為 20℃。此時，一立方公尺空氣所受的重力約為 12 牛頓（力的單位），一立方公尺氫氣所受的重力約為一牛頓，那麼一立方公尺的氫氣球所受的力即為 11 牛頓。在同等條件下，想要把體重 50 公斤的人帶到空中，就需要一個體積約 45 立方公尺的氫氣球。

　　這個氣球的半徑將超過 2.2 公尺——一個巨型氫氣球！不過，在現實生活中，這麼大的氣球要結實得能夠載人，它的質量也不容忽視。為了抵消氫氣球自身受到的重力，我們必須將它製作得更大。

　　也許你手中的氫氣球尚不足以使你離開地面，但夠大、夠結實的氫氣球是可以載人的。事實上，**用於科學實驗的高空科學氣球、氣象觀測員使用的氣象氣球，以及人能乘坐的飛艇等，裡面的氣體就是氫氣和氦氣。**

科學小知識

計算球體積

V ＝球體積
π ＝ 3.141592654
R ＝半徑

球體積的計算公式：$V = \dfrac{4}{3} \pi R^3$

計算如下：

$$\frac{4 \times 3.141592654 \times 2.2^3}{3} = \mathbf{44.6022381}$$

學會借助他人的力量
也很重要。

如果你說的「飛」是振動翅膀在空中活動，那麼抱歉，我沒有辦法讓你長出翅膀。但如果你是問如何讓自己離開地面，倒是有一些方法。

第一個方法：你可以在白牆前放一張白色凳子，然後站上去。白牆和白凳子融為一體，遠看你就像懸在空中──離地好幾十公分！雖然這只是一個小把戲，也是非常簡陋的障眼法，但確實可以達到同樣的效果。那些神乎其技的撲克牌魔術其實也是用障眼法，只不過表演者的手法更具巧思、更純熟。

　　你看過街頭懸浮表演嗎？魔術師用的也是一種障眼法：「浮」起來的人其實是坐在各種形式的支撐物上，只是支撐物被衣服或其他東西擋住了。

　　想真正懸浮起來？如果你花大錢在家裡設置一套磁懸浮設備，站在這套設備上並啟動裝置，說不定能離地一公分。當然，這只是一個假設。

　　至於其他在家裡飛起來的方法？不妨試試看空中瑜伽。借助天花板上的吊床，完成各種反重力的瑜伽動作，你何止能飛起來一公分，天花板有多高，你就能飛多高。

　　說到反重力，這個問題還可以引申為「如何借助外力擺脫地心引力」。你能想到哪些情形？飛機飛上雲霄，火箭升空？總之都是離地球越來越遠的方法，對吧？

　　或者更直接，讓自己處於失重狀態。

　　怎麼樣，你是不是已經開始想辦法了？

背後的力量，
是你成長的助推器！

　　這個問題和騎腳踏車不會倒、人跑步時被絆一下反而往前衝，在本質上是一樣的，問的都是運動的物體如何保持平衡。現在，就讓我們來解答。

　　兒童腳踏車後輪兩側往往分別裝有一個較小的輔助輪。之所以安裝輔助輪，是因為有了它們，腳踏車受到地面的支撐力就越大。

　　在騎行過程中，兒童如果重心向左偏，左邊的輔助輪會著地支撐；重心向右偏，右邊的輔助輪則著地支撐。這樣一來，腳踏車的前後輪和輔助輪所形成的三角形，就能保持腳踏車平衡，確保孩子不會摔倒。

　　一般來說，輔助輪大都固定在後輪上。如果將輔助輪安裝到前輪兩側，會發生什麼狀況？

　　如果騎著這樣的腳踏車筆直向前，沒什麼問題。但當我們試圖轉彎時，腳踏車前輪的行進方向發生改變，前軸帶動輔助輪轉動，轉彎就需要花費很大的力氣。為什麼輔助輪安裝在後輪，轉彎就不會費力？

其實，無論輔助輪是裝在前輪，還是後輪，在改變方向時都需要額外施力。如果輔助輪裝在後輪兩側，這個力由雙腿施加；但如果裝在前輪兩側，這個力則由雙臂施加（按：指手握龍頭控制車身）。顯然，手臂的力氣比腿小。

成長也和學騎腳踏車一樣，只能一步步來，欲速則不達！在你背後支持你成長的力量就好比腳踏車的輔助輪，拆掉輔助輪的那一天，你就長大了。

學開車嗎？

建造「科學」這座大廈，
需要異想天開與實事求是！

很遺憾，答案是沒有。

一萬公尺高的建築，大約是目前世界最高建築（高約一公里）的 10 倍（按：即 10 公里）。那一萬公尺到底有多遠？以汽車為例，時速每小時 120 公里，要開 5 分鐘才能到達。

即使真有這樣一座摩天大樓，居住在裡面的人會遇到哪些實際問題？以外出為例。

試想一下，假如你住在最高層，也就是一萬公尺的高空之中，以電梯速度每秒一公尺計算，即使電梯不停頓，你從頂層到底層也要近 3 小時（按：一個小時 = $1 \times 60 \times 60 = 3,600$ 秒，電梯爬至頂樓需費時 10,000 秒 = $10,000 \div 3,600 = 2.78$ 小時）。這樣的話，你有事要出門就麻煩啦！畢竟電梯井可不是一般的高速公路，要在 5 分鐘內從底層搭電梯到最頂層，十分考驗人類的研發能力和想像力。除此之外，住在高空中還會面臨空氣稀薄、氣溫過低等問題。

其實，更重要的是，高樓得以矗立的基礎——建築材料的問題。你知道今天人們建房子的主要材料是什麼嗎？可能很多人都會

脫口而出：「鋼筋水泥！不都說城市是鋼筋水泥的森林嗎？」

　　但你知道為什麼現代建築的主要材料是鋼筋水泥（準確來說是鋼筋混凝土）嗎？

　　這裡倒是有許多不為人知的知識。你一定聽說過熱脹冷縮吧？也就是物體受熱膨脹、遇冷收縮的物理現象。如果建築材料中不同物質的熱脹冷縮係數相差很大，就無法保障建築的穩定性。非常巧的是，**鋼筋和水泥的熱脹冷縮係數相當，所以鋼筋水泥是最理想的建築材料。**

　　但是，如果要建造一棟一萬公尺高的摩天大樓，還能用鋼筋水泥嗎？

　　以現有的知識來判斷，能用的可能性很小。**因為建築高度的增加並不是簡單的「1＋1＝2」，還要考慮地球的引力等因素。**就連目前地球表面最高的聳立物——聖母峰，也都不到一萬公尺，人工建築物想要突破極限，就必須出奇制勝。

　　或許，未來建造太空梯的材料能派上用場，畢竟太空梯連接的，可是地球和太空站，甚至地球和月球！

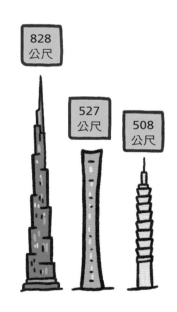

看不見、摸不著的，
往往威力更強！

　　黑洞，大家應該都聽說過，它是宇宙中真實存在的一種特殊天體，已經有科學家拍到黑洞的照片。銀河系中心的黑洞非常大，直徑約 2,400 萬公里，質量約為太陽的 400 萬倍。

　　不過，你真的知道黑洞的大小嗎？一個蘋果有多大很明顯，地球有多大，我們也知道（地球的直徑約為 1.27 萬公里）。但黑洞的大小，卻很難想像。

　　這類天體之所以取名為黑洞，並不是因為我們真的看到了一個個大小不一、黑黑的洞，而是因為我們看不到它們──黑洞的引力太大了，連光都會被吸進去，無法將光反射到人的眼睛裡，人自然也就看不到它們。

　　既然看不見黑洞，那該怎麼測量？科學家有的是辦法，比如利用 X 射線望遠鏡（X-ray telescope）等專業設備，來探測黑洞周圍的發光物質或電波，然後估算出黑洞有多大。也就是說，**利用周邊物質來反推黑洞的大小，而非直接測量**。

　　然而，銀河系中心的超級黑洞（按：超大質量的黑洞）還不是

宇宙中最大的黑洞，宇宙中連直徑一萬億公里的黑洞都有！

這麼大的黑洞是什麼概念？這裡就要介紹一個天文學概念：史瓦西半徑 [1]（Schwarzschild radius）。如果一顆星球的實際半徑小於它的史瓦西半徑，它就會變成一個黑洞。地球的史瓦西半徑只有 9 公釐，也就是說，**地球如果變成一粒黃豆那麼大，就會成為黑洞！**

當然也有很多小黑洞，比如科學家近年剛發現恆星燃燒到最後形成的黑洞，它們的直徑只有幾十公里。這些黑洞相對而言確實很小，但它們很重，質量是太陽的好幾倍。

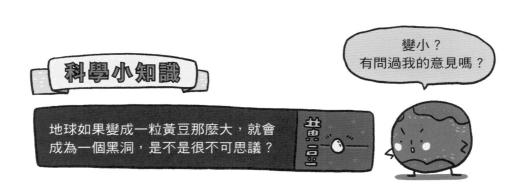

---

1. 重力源之臨界半徑，其大小與其質量成正比。

想要天上掉餡餅，
還是去外太空吧！

按照中國總人口有 14 億，如果每人給你一元，你不就有 14 億元了？豈不是什麼也不用做，你就成了億萬富翁？就算每人只給你一分錢，你也有 1,400 萬元！連做夢都沒有這麼好的事！

不過且慢，退一萬步講，假如真的每人給你一元，會發生什麼狀況？如果你一個一個的收錢，按照一秒鐘收一元的速度計算：一分鐘收 60 元，一小時收 3,600 元，一天收 8 萬多元，一年就能收 3,000 多萬元。這意味著你得花 3 年多的時間才能收到一億元，43 年才能收齊所有人的錢。

你看，這門生意也沒那麼容易。43 年，這還得在不吃不喝、不眠不休的前提下！

　　你可能會說，誰這麼傻，現在還一個個的直接收錢？難道不能用行動支付嗎？別忘了，即使用手機支付，實際操作起來也沒想像中的簡單。首先，你能加多少人的帳號？人數上限可是遠遠小於 14 億人。

　　就算行動支付的人數沒有上限，且 14 億人都排著隊等你，一個個的加好友也需要花時間吧？當然，你可能會說，我只加 10 個人，讓每人再去加 10 個人，然後這 100 個人每人再去加 10 個人⋯⋯如此一來，差不多 9 輪就可以了。

　　好！算你聰明，活用了指數增長的概念。當然，還有更簡單的方法：公布一下自己的銀行帳號，讓所有人給你轉帳⋯⋯我勸你還是醒醒吧，別做白日夢浪費時間！

祝你新的一年腳踏實地、
更勤奮、愛存錢、善規畫，
有耐心！

如果朋友可以隨機生成……。

　　這個問題該怎麼回答才好？先讓我們反向思考一下，假如這種事真的發生，隨便撥一串號碼都有人接聽，那就代表所有的電話號碼都有人在用，這顯然不符合事實。還有就是，電話號碼還分成有線電話和手機，我們需要個別討論。

　　假設你隨便撥了一串 11 位的手機號碼，我們來看看你撥通電話、認識一個新朋友的概率有多大。

　　如何計算概率？舉個簡單的例子，做一件事成功的概率是 1／2，失敗的概率也是 1／2，因為只要做一件事，就有成功和失敗兩種可能。

　　同樣的道理，我們來看看撥打一串 11 位的手機號碼有多少種可能。很簡單，手機號碼一共有 11 位，每一位都有 0、1、2、3、4、5、6、7、8、9 這 10 種可能，那麼撥一串 11 位的手機號碼就有 10^{11}（1,000 億）種可能。

　　當然，手機號碼的第一位都是 1，就算你知道這一點，所撥的號碼第一位都是 1，每次你撥出的號碼，也還有 100 億種可能。中國有

14 億人，假定所有人（連嬰兒也算在內）都有一個手機號碼，你隨機撥一串號碼後能認識一個新朋友的概率約為 1／10；如果連第一位都隨機撥，概率則約為 1／100。

看到這裡，你是不是覺得隨機撥通電話還滿容易的？且慢，你可能對概率的理解不夠透澈。這裡的概率，並不是說你隨機撥 10 次或 100 次就有一次能撥通，**它描述的僅僅是一種可能性**。細想一下它們的區別吧！

如果撥打的是有線電話？你能算出撥通的概率是多少嗎？

你好，
我萬中選一的好朋友！

⑧ 為什麼人類有兩隻眼睛？

試試從不同角度看待同一事物吧！

動物有眼睛這一事實，曾經是某些人反對達爾文進化論（按：即物競天擇）的理由。他們認為眼睛的結構和功能太複雜、太精巧，比如人類的眼睛包括感光細胞、瞳孔、晶狀體──簡直就像經過精心設計過的精密儀器！這樣的眼睛怎麼可能是一下子就演化出來的？

雖然後來經古生物學家研究證實，最原始的眼睛其實只是

一個能感光、簡陋的「小凹槽」，是經過數億年之後，才慢慢演化成現在的眼睛。

話說回來，為什麼包括人類在內的絕大多數動物都有兩隻眼睛，而非一隻？理由是什麼？

我們先來做一個實驗：用一隻手拿起一支筆（筆尖朝上）遠遠的放在你的眼前，接著閉上一隻眼睛，再用另一隻手的食指去觸碰筆尖。結果如何？

大部分人都無法一次就準確觸碰到筆尖。這是為什麼？

簡單來說，這是因為用一隻眼睛看東西，並無法確定人與物體之間的距離。反之，兩隻眼睛同時睜開再去觸碰筆尖，保證你一次就能成功。

這到底是為什麼？我們的眼睛有一定的距離，因此兩眼和目標物體兩兩相連就會形成一個看不見的三角形。兩眼與目標物體之間的連線，就是這個三角形的兩條邊，這兩條邊相交形成的夾角就是視差角。有了視差角，大腦就可以判斷物體與我們的距離。

其實，大多數動物也有兩隻眼睛。如果動物只有一隻眼睛，那牠可能無法生存，因為牠無法判斷天敵離自己有多遠，自然也就無法保護自己。仔細想想，我們的眼睛還真神奇，竟然會利用三角形

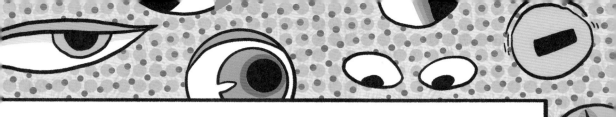

定理！

　　天文學家就是利用這項定理，來測量天體之間的距離（三角視差法）。

　　例如：冬至時觀測某顆恆星，測得它與自己的夾角；夏至時再觀測這顆恆星，再測得它與自己的夾角；最後，根據視差角和地球軌道直徑，估算恆星與地球之間的距離。

科學小知識

　　接下來，我們來做一個視差小實驗。在眼前豎起一根手指，先後分別用左眼和右眼觀察手指，你會發現手指相對於背景明顯位移，這就是從不同角度觀察同一目標產生的視差。

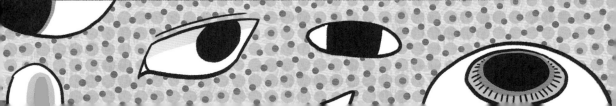

在有限的時間裡，
活出生命的厚度！

「山中方七日，世上已千年」、「天上一日，地上一年」，這些都是人們用來描述神仙的時間和凡人的時間的說法。不過，根據相對論[2]（Theory of relativity），這種情況還真的可能發生。

你看過電影《星際效應》（Interstellar）嗎？裡面有這樣一段情節：在大黑洞附近，幾名科學家乘著一架小太空梭造訪了在黑洞邊緣繞行的水星，只留下一人駐守飛船；科學家幾小時後返回飛船，發現留守的那位看船人已經白髮蒼蒼，對這個人來說，竟已過去了幾十年！這就是相對論效應。

根據愛因斯坦的廣義相對論和相對性原理，時間越靠近黑洞，流逝得越慢。假如在黑洞邊緣放一座時鐘，我們遠離黑洞（站在不受黑洞影響的地方）來觀察這座時鐘，就會發現它走得很慢。假設我們和剛才的時鐘一起待在黑洞邊緣，那麼身體的「時鐘」也會變

---

2. 由愛因斯坦於二十世紀初提出，他認為時空受重力影響，分狹義、廣義相對論。

慢，衰老就變緩了。我們再回到時間不受黑洞影響的環境中時，會發現那裡的人們在自己的世界裡可能已經度過了一段很長的時間，比如一年。

這跟讓假期變長又有什麼關係？這麼說好了，如果你和學校都遠離黑洞，你們周圍的時間流逝速度將一樣。除非在放假時把學校搬到黑洞邊緣去，而你自己遠離黑洞。這樣一來，學校裡的時鐘走一小時，你可能已經度過長達一年的超長假期。

其實，不僅黑洞會讓時間變慢，**超高速運動也會讓時間變慢**，這就是愛因斯坦所提出的「孿生子悖謬」：一對雙胞胎兄弟，弟弟留在地球上，哥哥則以光速相仿的速度飛往遙遠的恆星旅行。結果，當哥哥返回地球後，他卻發現自己比弟弟年輕許多。這或許是將來人類延長假期甚至提前到達未來的一種方法。你可以試著想一想，如何利用這個效應讓學校的時鐘走得比你所在地的時鐘慢。

兩個小時的電影，竟然這麼快就結束了！

10 人類能從地殼挖到地核嗎？

想要上天入地，
要先腳踏實地。

　　很多科幻作品中都有從地表挖到地核的情節，有些想像甚至更加大膽──人類建造了電梯，從地球一端穿過地核，到達地球另一端。當然，科幻故事是科幻故事，一旦用科學的眼光去考量，我們就會發現，不太可能實現，甚至利用已有的知識或現有的技術也無法實現。

　　那麼，要建造一部「地核電梯」，人類會遇到哪些困難？我們知道，地球內部非常活躍，蘊含著巨大的能量，而且還伴隨著火山、地震等劇烈的地質運動。根據地球物理學家的推測，地心的溫度超過 6,000℃。在這一溫度下，很多常見的材料，如鐵和鎳早已熔化，更別說用它們造電梯了。

　　因此，製造地核電梯的第一個難題，就是首先要找到大量耐高溫的材料。或許航太工程（按：包括「航空工程」與「太空工程」）中常用的耐高溫陶瓷是不錯的選擇。但人類想製造直通地核（地球

的平均半徑約為 6,371 公里）甚至穿過地核的電梯，是不是有些不知
天高地厚？

　　第二個難題是，如果可以一直往地核開鑿隧道，挖出的土、岩
石，以及液態的鐵之類的東西，該怎麼運出來？運輸這些東西仍然
需要類似於電梯的運載裝置吧！如果採用最直接的方法，即透過繩
索將土石雜物運到地面，那麼就算使用伸縮性能極強的奈米材料[3]
（夠強韌），我們也不可能造出能從地表到達地核的長繩索。不過，
即便如此，就目前的技術來看，研製出超長、超強韌的繩索也比製
造地核電梯更加現實。據說，不遠的將來，人類真有可能製造出幾
十年前就在科幻小說中出現過的太空梯，它就相當於一個奈米繩。

---

3. 任何材料的尺寸，3 個維度之中，至少一個維度的長度是奈米級（1 ~ 100
　 nm），稱之為奈米材料。奈米材料通常成本較低，除了尺寸小之外，往往還
　 擁有高比表面積、高密度堆積，以及高結構組合彈性的特徵。

繼續施工！

11 雲是怎麼定在空中的？

不僅要用眼睛看，
還要用智慧加以審視。

　　天氣晴朗的日子，我們有時會看到棉花般的雲朵飄在空中，久久不動，就像定在那裡一樣。當然，雲不可能完全不動，尤其是在有風的天氣，我們多看一會兒就會發現雲在慢慢變化、移動。那麼雲，尤其是一小朵雲，為什麼能飄在空中不掉下來？

　　首先，我們來了解一下雲是怎麼形成的。以日常生活為例，水燒開時，我們會看到白煙冒出來，這稱為水蒸氣。**但真正的水蒸氣是由水分子構成的氣體，沒有顏色，肉眼不可見。**這些白煙原本確實是水蒸氣，只是在遇到溫度較低的空氣後凝結成小水滴，小水滴使光發生散射，我們就看到白色的水蒸氣了。

　　雲也是水蒸氣遇冷後形成的——凝結成小水滴或者小冰晶。不過，在快要下雨時，雲的顏色會變成深灰色甚至黑色。這與雲層的厚度有關——雲層特別厚的地方看起來是黑色，因為陽光幾乎全部被吸收了；雲層沒那麼厚的地方看起來是灰色，因為有一小部分陽光透射出來了。

　　話說回來，既然雲是由小水滴和小冰晶所構成，為什麼不會掉

落下來？

我們都知道，**水的密度比空氣大得多**，小水滴所受到的空氣浮力明顯不足以抵消它所受到的重力，因此小水滴無法飄在空中。

那麼，雲為什麼能飄在空中？首先，**地面附近溫度相對較高，會產生大量上升氣流**，這些氣流足以托起雲中的小水滴和小冰晶。

其次，雲中的小水滴和小冰晶都很小（一般直徑只有幾微米[4]，只有我們頭髮直徑的 1／10 甚至 1／100），在氣體分子的撞擊下，它們像迷路了一樣在空中四處亂竄，這就是由英國植物學家羅伯特・布朗（Robert Brown）在研究花粉（直徑只有幾十微米）懸浮於水面上時，所發現的布朗運動（Brownian motion）。

很多微粒，如灰塵、小水滴、汙染物顆粒等也會作布朗運動。正是在布朗運動的作用下，雲中的小水滴和小冰晶得以長時間懸浮在空中。

此外，分散懸浮在大氣中的固態或液態微粒，也被稱為「氣溶膠」（Aerosol）。新型冠狀病毒的傳播途徑之一，就是氣溶膠傳播：微小的病毒懸浮在空氣中，當人們吸入帶有病毒的空氣時，病毒也一併進入了人體。

---

4. 長度的量測單位，一般記作 μm；一公分等於 10,000 微米。

承認未知事物，
也是科學研究的一部分。

　　我也想知道光速是如何產生的，但目前沒有人知道。因為光一旦存在，它的速度就是光速，光速是恆定的，沒辦法加快、也沒辦法減慢。與其去探究光速如何產生，不如追本溯源，搞清楚光是如何產生的，以及光速為什麼是宇宙中的最大速度。

　　我們能夠看見這個世界，得感謝自然界有光。可以說，地球上的所有物體都會反射光和吸收光。因此，當陽光或燈光照在物體上時，我們就能看見它。

　　不過在一百多年前，人們還不知道這個原理，直到科學家發現了分子和原子，才知道原來光是經由這些粒子發射出來的。一個物體在反射光時，其實是先吸收了光，再將其發射出來。更準確的說，**原子或分子發射出來的，其實是一個個光子**。而光子一旦被發射出來，它的速度就是光速，並沒有加速。

每一個光子都擁有能量。愛因斯坦還發現：**物體在加速的過程中，隨著速度逐漸趨向於光速，它的質量趨向於無窮大，加速度所需的能量也趨向於無窮大**，但它卻無法擁有無窮的能量，所以它的速度永遠都無法超過光速。物理學史上的這一重大發現已經過無數實驗證實。

總之，光速的產生不需要動力，而光的能量是有來源的：當一個原子發出一個光子後，這個原子就損失了能量。

每天都有自助餐！

回到過去改變未來，
就會錯過現在。

對科學家來說，這是一個開放式問題，它的答案是不確定的。

穿越一般分為兩種：一種是暫態（Transient state）的時間旅行，也就是時光倒流，從現在回到過去；一種是暫態的空間轉移，即從一個地方移動到遙遠的另一個地方，比如說仙女星系。

但根據愛因斯坦的相對論，粒子的速度不會超越光速變成超光速（Faster-Than-Light，速度比光速還快的概念），可一旦以超光速運動，就會實現時空穿越。例如，從現在回到過去，是因為粒子的速度超越光速；理論上來說，只要該粒子可以追上之前發出的同方向的光，就會發生時光倒流。

而且，一旦穿越到過去就意味著速度夠快，可以瞬間轉移到遙遠的地方，所以如果第一點（超光速）無法實現，第二點（瞬間轉

移到遙遠的地方）也就無法實現。

　　根據愛因斯坦的理論，要想回到過去，宇宙中必須存在負能量（不是那種成天抱怨的負能量）。負能量的作用可大了，製造蟲洞就需要它。你看過科幻電影《星際效應》嗎？裡面就介紹了土星附近的一個蟲洞（當然是虛構的）。穿過蟲洞，人們可以回到過去。

　　但是，只有少量負能量是不夠的！要製造出可以安全通過的蟲洞，需要很多的負能量。這麼說好了，**所需的負能量相當於 1／10 的太陽能量**。就算把地球上所有人心中的負能量抽乾，也做不到。

　　不過，穿越到未來卻有可能實現。根據愛因斯坦的理論，只要飛行的速度夠快，我們就可以穿越到遙遠的未來。這麼說，人類還是有望飛出銀河系的，儘管需要飛差不多 10 萬光年！（按：天文上用來表示距離的單位；光一年大約可以跑 9 兆 4,600 億公里）

14 為什麼地球一直繞著太陽轉，不會被吸過去或飛走？

只因在星群中，多看了你一眼！

> 有限制的自由，
> 才是真正的自由。

厲害了！這個問題牛頓已經解答了。

不過，牛頓解惑的是另一個問題：讓地球繞著太陽轉的力是從哪裡來的？也就是說，如果沒有一個作用力，地球不可能會繞著太陽轉。想要理解這一點，我們可以簡單做個實驗來感受一下。

找一根繩子，不用太長，一公尺左右就可以了。然後，在繩子的一端綁上一個瓶子。接著，抓住繩子的另一端開始甩，讓瓶子在空中繞圈轉一段時間。

你會發現，只有你（身體或手臂）轉起來，瓶子才能轉起來。並且，在這個過程中，你能感受到來自繩子的拉力（離心力）。根據牛頓第三運動定律，**兩個物體之間的作用力和反作用力大小相等、方向相反**，繩子在拉你的同時，你也在拉繩子。也就是說，你透過繩子讓瓶子產生了朝向中心的力——向心力。

既然瓶子在空中繞圈轉動需要向心力，那麼地球繞太陽轉動同樣需要朝向太陽的力。而這裡的向心力不是別的，正是牛頓的偉大發現——萬有引力！

　　正是由於地球作圓周運動產生的離心力，平衡了太陽對地球的引力，地球才沒有被太陽吸過去或飛離太陽。月球繞地球運動也是這個道理。

　　牛頓還用萬有引力定律解釋了其他行星繞太陽轉動的現象，以及行星繞太陽轉動一圈的時間，與太陽間距離的關係。

　　牛頓還設想了著名的「大炮實驗」（Newton's cannonball），如果威力夠大的大炮發射了速度夠快的炮彈，這顆炮彈就能一直繞地球運動而不落下來。後來，人們推出了人造衛星繞地球作勻速圓周運動時的速度，也就是宇宙速度── 7.9 公里／秒。

牛頓好厲害！

哇！

15 人為什麼會無法「自拔」？

控制速度，慢慢站起來，幸好大褂夠長。

努力也是一種力，
克服惰性的外力。

　　我們先來思考另一個問題：站在一個極度光滑的冰面上，你能輕鬆移動嗎？有過類似經歷的人都知道，那將非常困難。這是怎麼回事？答案就在：牛頓第二運動定律（Newton's second law of motion）和第三運動定律。

　　首先，根據牛頓第二運動定律，**一個物體的狀態從靜止變為運動，需要一個作用力，而且必須是外力**。也就是說，想改變靜止狀態，必須有人推你一把，或者靠其他物品獲得外力。你可能要問，為什麼一定要外力？我們的身體不是有肌肉，用肌肉出力不行嗎？還真的不行。

　　牛頓第三運動定律告訴我們：身體的一部分施力於另一部分，後者會施加前者大小相等、方向相反的力；這兩個力同時作用在你身上，相互抵消，即合力為零，因此你的運動狀態不會改變。

　　為什麼我們在極度光滑的冰面上無法輕鬆移動，但在粗糙的地面上就可以自由行動？以走路為例，我們前腳邁出去後，後腳向後蹬地——地面會獲得一個向後的作用力；由於地面是粗糙的，鞋子

的底面與地面間會產生向前的摩擦力——正是在這一摩擦力的作用下，我們才得以前行。

現在你知道問題的答案了嗎？要想「自拔」，即自己把自己提起來，我們需要能克服自身重力的外力。但根據牛頓第三運動定律，我們自己無法做到，即使是大力士，也無能為力。你用手向上拽頭髮的同時，頭髮也對你的手施加了一個大小相等、方向相反的力，因無法獲得向上的外力，自然就無法向上移動了。

不過，如果借助梯子，或者像攀岩者抓著牆面上的岩點一樣，借助岩面上突起的支點，你就可以向上移動，因為梯子或岩面上的突起施加外力在你身上。

最後，我來考考你一個問題：汽車在冰面或雪面上行駛為什麼容易打滑？

掌握客觀規律，
可以破除「魔法」。

有人會輕功嗎？可以說有，也可以說沒有。

我們在電影、電視劇裡經常看到大俠施展輕功，比如腳踩水面輕鬆躍過湖面，或者輕盈的踩在竹子上，但這些場面其實都是演員透過吊鋼絲呈現的特效。在現實生活中，不要說在水面上行走如飛，就連輕功中的輕功「梯雲縱」，也沒人能夠做到。

什麼是梯雲縱？就是金庸小說中，武當派以左腳踩右腳、右腳再踩左腳，靠踩自己的腳越躍越高的輕功。這完全違背了物理規律，左腳踩右腳、右腳踩左腳其實和一個人向上拽自己的頭髮一樣，都無法讓自己向上移動。

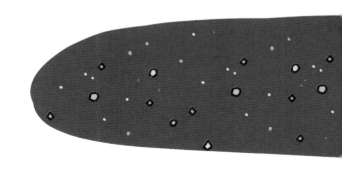

　　根據牛頓第三運動定律：兩個物體之間的作用力和反作用力大小相等、方向相反。如果一對作用力和反作用力施加在一個人身上，它們相互抵消，人根本無法移動。當然，如果真的有人會施展梯雲縱，那他完全有可能飛到太空中去！但事實上，世界跳高紀錄還不到 3 公尺。

　　那為什麼我一開始又說有人會輕功？我指的是那些不違背物理規律的動作。例如，一個人越過一道溝，從一堵牆跳上另一堵牆；再比如像跑酷（Parkour，將日常生活設施當作障礙物，利用攀、爬、跑、跳等動作的極限運動）之類的極限運動，人確實可以透過長時間的訓練掌握技巧，實現飛簷走壁。

跳出想當然的陷阱！

　　有句話說：「搬石頭砸自己的腳。」一般用來形容人自作自受，但它的本義還有一個簡單的道理：被離地的石頭砸到後，腳會痛；石頭離地越高，砸在腳上，腳就越痛。

　　有一次，我在電梯裡看到一則安全公告，宣稱雞蛋從 30 層樓掉下去能砸碎強化玻璃。雖然跳上體重計使身體變重，和高空墜物的嚴重危害不能相提並論，但這兩者背後的基本原理是一樣的。

　　這裡還要再說明一點，那就是我們**跳上體重計時，增加的是體重計上的「讀數」（人施與體重計的力），並不是質量（物體所含物質多少的量）**。但在日常生活中，我們往往習慣將「質量」直接稱為「重量」。

　　人平時可以穩穩的站在地面上，是地面對身體的支持力抵消了身體所受的重力，這是「靜態平衡」（static equilibrium）原理：**保持不動時，身體同時受到兩個力，地球的引力和地面的支持力，這兩個力大小相等、方向相反。**

　　當人跳起來再落到地面時，我們的腳會明顯感受到地面對身體

的支持力變大，原因是人在下降的過程中，具有向下的速度，地面要讓這一速度變成零，人才能雙腳立在地面上。

　　除了前面提到的抵消身體所受的重力之外，還需要一個額外的力來讓我們減速。**這個力的大小和減速的時間有關。**如果是從一公尺高的地方跳到很硬的水泥地上，因為沒有緩衝，減速的時間很短，身體就會受到很大的衝擊力，因此我們會感到腳麻。而同樣是從一公尺高的地方向下跳，這次跳到軟軟的彈簧床上，因為有了緩衝，減速的時間一長，身體受到的力相對就較小。

　　因此，我們跳到表面較硬的秤上時，秤受力較大，體重計上的數字也就變大了，但是我們的質量仍然沒有改變。

　　至於體重計上到底受到多大的力，還和秤的硬度有關。

　　不妨想像一下，前面說的跳到水泥地上和彈簧床上時的不同感受吧！

哇哦！

觀往以知來，
此其所以先知之理也。

　　雖然我們經常在科幻電影裡看到穿越到過去，但作為物理學家，我其實不相信它真的會發生。但我也不會說它是一個偽命題（按：不符合客觀事實的命題），因為我不能證明時光倒流一定不會發生。這麼說可能有點迂迴，不妨換個說法好了：要想回到過去，得具備一定的條件，但我們還不知道最終能否實現這些條件。舉個例子，讓時光倒流最基本的條件之一，是要有帶負能量的物體，但人們目前還沒有相關發現。

　　如果有一天科學家製造出擁有負能量的物體，我們就能見識到傳說中的反重力現象：任何靠近該物體的人或其他物體，都將感受到它對自身的排斥。

　　當年，著名美國天文學家卡爾‧薩根（Carl Edward Sagan）想透過製造蟲洞實現時光倒流，他將這個問題拋給了美國加州理工學院（California Institute of Technology）的基普‧索恩（Kip Thorne），後來索恩和他的學生便發現製造蟲洞需要大量負能量。

　　稍微懂相對論的讀者可能會說：「速度超過光速能實現時空穿

越。」這一說法沒問題，但如何實現超光速？1994 年，墨西哥一位物理學家研究愛因斯坦的廣義相對論時發現，**超光速是可以實現的，只是需要負能量。**

然而，擁有負能量不過是實現時空穿越的基本條件之一：僅僅製造出擁有負能量的物體還遠遠不夠，因為這樣的物體極其不穩定，很可能成為一種破壞力極強的炸藥。此外，諸如祖父悖論[5]（Grandfather Paradox）等燒腦問題，都需要科學家解決。真想回到過去？不如自拍一段影片，然後在手機裡倒帶重播，還比較快。

---

5. 一種時間旅行的悖論，科幻故事中常見的主題。意思是，假設一個人回到過去將自己的祖父殺死，那就代表這個人不可能出生，既然不可能出生，就不可能回到過去殺害自己的祖父。

怎麼樣才能在一天之內，看到更多次日出？

運動是絕對的，
靜止是相對的。

這個問題問得很好！對世界抱有好奇心，跳出框架思考，你才可能發現司空見慣的現象背後往往蘊含著大道理。例如，人們常說「日出東方」，聽起來好像是太陽每天從東方升起。但我們知道，這其實是因為地球由西向東自轉，於是造成太陽每天東升西落的錯覺。當然，所謂的東西南北是人為規定的，天文學家規定地球自轉行進的方向為東方，然後才有地球由西向東自轉的說法。

我們試試從現象倒推，看看能得出什麼驚人的結論。太陽每天都會升起，也就是每 24 小時就會升起一次，由此可知，地球自轉一圈是 24 小時。

這意味著什麼？這代表即使你站著不動，你也跟著地球在動，一天移動的距離就是你所在緯度的緯線長度。假如你住在北京，那就大約是 3 萬公里，相當於每小時移動 1,250 公里。這個速度是什麼水準？比世界上最快的高速列車的速度還快得多，甚至比普通客機的速度快！

為什麼要提高速列車和飛機？是這樣的，如果你搭乘交通工具

由東向西追趕太陽，在你眼中，太陽在空中的運動就好像變慢了。如果想讓太陽看上去不動，那麼你行進的速度應該與地球自轉的速度一樣。**如果你的速度超過地球自轉的速度（如果住在北京，速度需要超過 1,250 公里／時），你就能超過太陽。**看不到太陽後你就停下來，等太陽「趕」上來，這個時候你不就又看到一次日出了嗎？以這種方式，你想看多少次日出都可以。

不過，今天的高速列車和普通客機恐怕幫不上你的忙，它們太慢了。或許戰鬥機能幫助你，不妨努力成為一名戰鬥機飛行員吧！

如果考慮越過國際換日線[6]後日期的變化，一天內最多能看到多少次日出？

6. 由東半球到西半球，日期減一天，反之，西半球到東半球則加一天。

條件不同、解法不同──
人生也是這樣。

　　下雨了，我們沒帶傘還不得不趕路的話，自然而然就會跑起來，因為我們知道跑起來能讓自己少淋雨。答案就這麼簡單嗎？其實，有不少人得出了不同的結論，甚至還有人用複雜的數學原理加以分析。

　　這是因為前提條件不同，答案也不同。剛才我們說的是下面這種情況：假設距離一定，跑步和走路這兩種方式中，哪種方式能讓你少淋雨？答案是跑步。其實還有一種情況：假設時間一定，跑步和走路這兩種方式中，哪種方式能讓你少淋雨？答案是淋的雨一樣多。該如何理解？不用複雜的數學方法，怎樣簡單的得到答案？

　　現在，我們發揮一下想像力：假設一條路寬一公尺，上面鋪著一條寬一公尺長地毯，其中路上有一片長 100 公尺、寬一公尺的區域（面積 100 平方公尺）在下雨，且一秒內的降雨量是固定的，比如 100 毫升。我們現在拉地毯，讓它經過這片降雨區。

假設一秒內地毯移動了 200 公尺，也就是說，100 毫升的雨落在了 200 平方公尺的地毯上，平均每平方公尺地毯接收了 0.5 毫升雨。以此類推，假設一秒內地毯移動了 1,000 公尺，也就是說，100 毫升的雨落在了 1,000 平方公尺的地毯上，平均每平方公尺地毯接收了 0.1 毫升的雨量。

接著，想像自己是地毯的一部分，地毯被拉動的速度相當於我們行動的速度。我們知道，無論是快速，還是緩慢，一秒內地毯接收的雨量都是 100 毫升。也就是說，只要你在雨中待的時間一定，**一秒也好、100 秒也好，那麼無論是走路，還是跑步，你接收的雨量是一樣的，也就是淋的雨一樣多。**

你懂了嗎？想不通的話，再想一想吧！

提出假設，
是解決問題的好方法。

　　你也許曾在魔術表演中看到魔術師用意念移動物體。但從物理學角度來看，這是不可能的，只能靠道具或幫手。根據已知的物理定律，尤其是牛頓力學（Newtonian Mechanics）的基本原理，**除非有外力作用，才能改變物體的運動狀態**。假使意念真的能移動物體，那一定是意念向該物體施加外力。

　　這些外力有可能是自然界的四大基本作用力（萬有引力、電磁交互作用〔electromagnetic interaction〕、原子核之間的強交互作用和弱交互作用力〔weak interaction〕）之一，或者其中幾種力的合力。

　　但如果你問有沒有可能是上述基本作用力之外的力，我只能說，如果真有這樣的力，那將是一個顛覆現有物理學的大發現。遺憾的是，物理學家不會輕易承認這個新發現。

　　言歸正傳，意念能向物體施力，使其移動嗎？會是大腦利用了亞原子（按：泛指比原子更小的粒子）世界中的強交互作用或弱交互作用嗎？我們知道，亞原子世界的力都是短程力，也就是說，它們只能在原子核尺度範圍內發揮作用，根本不可能移動任何宏觀

物體。會不會是萬有引力？這個我們可以果斷排除，畢竟人和物體之間的萬有引力，微弱到幾乎連儀器都無法測出，更別提移動物體了。難道是電磁力？人腦神經元之間確實可以透過電訊號傳遞資訊。電訊號本質上是一種生物電流，它的頻率很低，一秒鐘大約振盪幾次或十幾次，功率也很小。不然，大腦活動時，人真的會感到頭腦發熱。

退一萬步講，人腦裡的電流就算會以電磁波的形式輻射出去，輻射功率也小得不足以移動任何物體──甚至沒有你在玩手機或者打電話時的輻射功率大！

最後，有沒有可能是憑空移物？即人腦透過空氣流動或振動，將一個力傳遞出去並作用在物體上？只須反推一下，就可以排除這種可能：如果意念能發出力使空氣流動或振動，我們應該就能感受到風或聽到聲音，但事實並非如此。

不過，隨著科學技術的發展，人們已經可以透過腦電波解讀意念，比如用智慧機械手臂讀取人的意念後移動物體──這比較容易實現。

一百維的
世界會怎麼樣？
㉒

真正的科學家也是幻想家。

　　你如果有學過平面幾何，應該對「維」的概念已有一定的了解：平面幾何是關於二維（Second Dimension，也譯成二度空間）的科學。至於一維，直線就是一維的。

　　在一條直線上，你可以左右（或前後）走，總之只有兩個相反的方向可走。我們用一個參數就可以標記你在這條直線上的位置。而平面是二維，在一個平面上，你除了可以左右走，還可以前後走，我們需要用兩個參數來標記你的位置。

　　三維世界，你一定十分熟悉，我們就生活在三維世界裡。在三維世界裡，你除了可以前後左右走，還可以上下走（比如坐飛機的時候隨飛機上升或下降）。此時，我們需要 3 個參數來標記位置。

　　接下來就有點燒腦，什麼是四維世界？請注意，這裡說的是四維空間，而非四維時空。我們生活在三維世界裡，可以直接看到一條線和一個面，但很難想像四維世界是什麼樣子。

點 動成 線

線 動成 面

面 動成 體

背後是誰？

螞蟻雖然生活在三維空間，但只能意識到兩個維度，即牠們只能前後左右移動，上與下對牠們來說沒有意義。我們人類無法感受四維空間就和螞蟻無法感受三維空間一樣。

　　其實，還是有辦法的。按照前面的思路，在四維世界裡，我們應該需要4個參數來標記你的位置。四維世界比三維世界更廣闊，除了前後、左右和上下，還多了一個方向。

　　那麼科學家是怎麼想像四維世界的？他們假想出了一隻會前後左右移動的二維動物，並以這個二維動物的視角來想像三維世界，之後是四維世界，以此類推。

　　現在，假想你就是那個二維動物。你前後左右移動，構建了一個簡單的圖形，即正方形。

　　你很聰明，很快就想出了一個在二維世界裡投射三維立體圖形的方法，結果可能就是下頁右上方顯示的圖形。

　　最外層的大正方形代表三維立體圖形的其中一面，小正方形代表與這個面相對的面，4 個梯形則代表這個三維立體圖形剩下的 4 個面。而這個三維立體圖形在二維世界的投影，我們或許可以這樣理解：小正方形不斷向外擴，最後擴成外面的大正方形，向外擴的過程中產生了 4 個梯形。

　　於是，科學家按照這個思路，在三維世界裡投射四維立體圖形，結果可能就是右下方的超立方體。

　　四維立體圖形在三維世界的投影，你或許可以這樣理解：小立方體不斷向外擴，最後擴成外面的大立方體，向外擴的過程中產生

了 6 個梯形體。

其實，將正方形沿著垂直於接觸面的方向移動一段距離，正方形經過的空間就是三維立體圖形（如果正方形移動的距離與它的邊長相等，得到的就是立方體）。

同樣的，將立方體沿著垂直於接觸空間的方向移動一段距離，立方體經過的空間就是四維立體圖形（如果立方體移動的距離與它的邊長相等，得到的就是超立方體）。

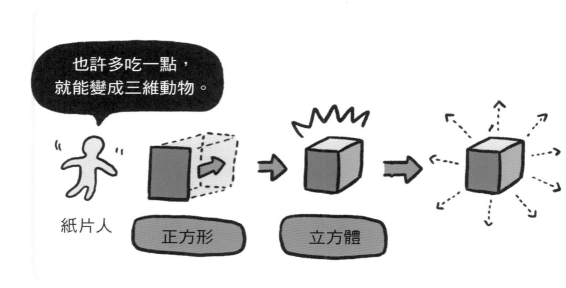

　　五維世界是什麼樣的？很遺憾，我們還無法具體模擬出五維立體圖形在三維世界裡的投影，只能確定，在五維世界裡，我們需要 5 個參數來標記位置。以此類推，在一百維的世界裡，我們需要 100 個參數來標記位置……。

　　現在，把自己假想成一個四維動物，想像一下五維立體圖形是什麼樣子的吧！

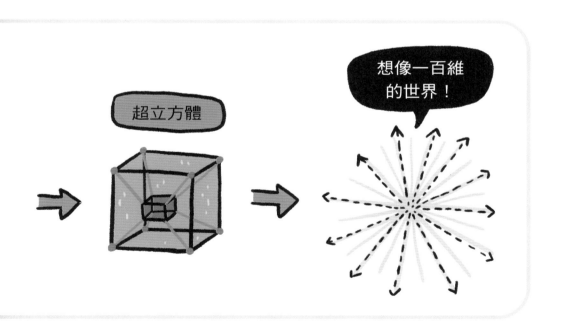

第 **3** 章

好奇心
能拓寬宇宙的邊界

時間有長度，
也有厚度。

生命的出現極其偶然，
珍惜並享受吧！

很多人相信或希望有外星人，這樣我們的世界能變得更加精彩。如果宇宙中的智慧生命只有人類，那就太孤單了。而且，如果沒有外星人，即使人類能夠移民到外太空，無論去哪個星球，都將面臨一片荒土。

對於是否有外星人這個問題，有人認為這世界存在很多外星人，也有人認為外星人根本不存在。當然，除了上述這兩種，還有很多比較中立的觀點。

在我看來，外星人甚至外星生命存在的概率極小，因此我們也可以說它們不存在。你可能會反駁：地球上存在形形色色、不同種類的生命體，其他星球上應該也有生命體。哪怕只有一種？

實際上，生物學家發現，地球上所有生命的祖先都相同，看起來差異巨大的生命體，無論是高等生物，還是低等生物，都源於一種單細胞生物。也就是說，地球上林林總總的生命體，都是單細胞生物的後代。

此外，生命的出現是極其偶然的。有多偶然？我們知道，生命

體的基礎是蛋白質，**核糖核酸**（ribonucleic acid，簡稱RNA；由一長串的核苷酸為組成單位。每一個核苷酸都含有鹼基、核糖和磷酸根）是蛋白質合成過程中的重要物質；而即使是**合成最小的RNA所需的分子，也比製造一塊結構複雜的機械手錶所需的零件還要多。**大家可以想像一下，零零散散的零件自動組裝成一塊機械手錶的場景——生命的出現就是這麼不可思議！

那麼，生命怎麼就出現在地球上了？

根據多重宇宙論（multiverse），人類所處的宇宙之外，還存在許多甚至無限多的宇宙。在這麼多的宇宙中，生命出現在地球上完全是極其偶然的。

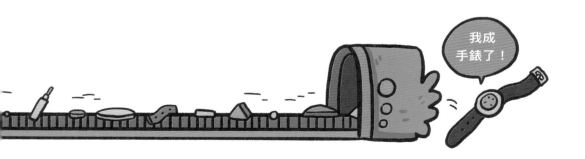

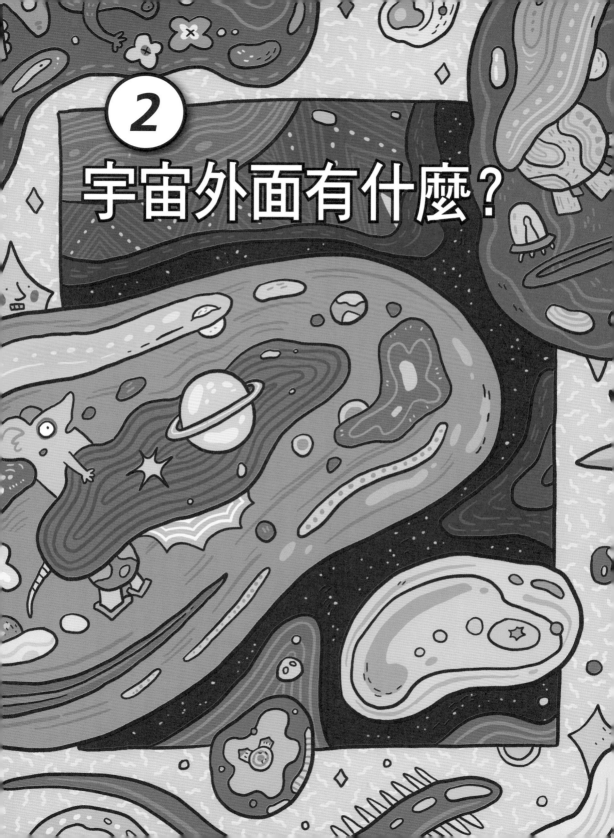

2
宇宙外面有什麼？

好奇心能拓寬宇宙的邊界。

我猜，應該很多人都想知道這個問題的答案，但我們只知道宇宙很大，卻無法說出它究竟有多大。

如果連宇宙的大小都無法確定，宇宙之外就無從討論了。

隨著天文學的發展，人們對宇宙的認知不斷在刷新。例如，古希臘人認為地球是宇宙的中心，日月星辰都圍繞地球轉，恆星就是宇宙的最外層——亦即，這是一個有限的宇宙。

十六世紀，波蘭天文學家尼古拉·哥白尼（Nicolaus Copernicus）提出日心說（Heliocentrism，也稱地動說），人們又被告知太陽是宇宙的中心。可是，到了 1930 年代，人們又發現銀河系比太陽系更大，而且在銀河系之外，還有天體。也就是說，宇宙的大小似乎是無限的。

今天，科學家普遍接受了宇宙大爆炸學說：我們能夠看到的宇宙，其實源於 137 億年前，一片很小的區域（奇點）的爆炸。

如果真是這樣，那麼宇宙的年齡、大小，應該都是有限的；而且因為光速是宇宙中最大

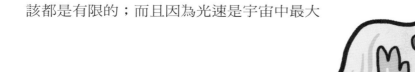

的速度，我們能看到的最遠的地方，就是 137 億年前發出光的物體所在的地方。

　　人類可以看到的宇宙，被稱作「可觀測宇宙」（Observable universe）。雖然在宇宙之外應該還有其他空間，但無論是天文學家，還是物理學家，至今仍無法確定那些宇宙之外的存在。

　　最流行的一種說法是，空間是無限的，不僅如此，空間裡的不同宇宙也都各不相同。例如，有些宇宙中物質分布密集，有些宇宙中物質分布鬆散，有些宇宙中的物理規律與現在宇宙中的不一樣（比如可能沒有電子，有一些可能沒有粒子）。

　　科學家把這稱作多重宇宙論。我個人百分百支持多重宇宙論，畢竟我們所處的這個宇宙真的很神奇，怎麼就孕育出了人類這種不可思議的生命。

　　如果宇宙不只一個，那就可以理解，因為這是一個概率問題 —— 在如此多重的宇宙中，人類出現在現在的宇宙中是一個偶然事件。

空氣中，③比較好？

全是氧氣

地・球・家・園

你想要的，
並不都是你真正需要的。

　　我們先來看看空氣裡都有些什麼吧！根據空氣中各氣體的占比，由高到低依序為：氮氣（約 78%）、氧氣（約 21%）、稀有氣體、二氧化碳，以及水蒸氣等氣體和雜質。

　　如果說有一件事我們無時無刻不在做、看似稀鬆平常卻不可或缺，那就是呼吸了。而呼吸最主要的目的是，獲取氧氣，以維持身體各項機能（心跳、走路、吃東西、思考，以及呼吸等）。

　　氧氣供給不足會導致人體細胞、器官無法正常工作，極度缺氧還會造成窒息，最終使人昏迷甚至死亡。

　　當然，除了人類，動物和植物同樣需要氧氣。既然如此，空氣中如果全是氧氣豈不是更好？事實卻並非如此。就拿綠色植物來說，如果空氣裡只有氧氣，它們將無法存活。因為綠色植物生長的基礎是光合作用，而進行光合作用還需要二氧化碳。

　　事實上，二氧化碳不僅不可或缺，甚至和氧氣同樣重要──地球「保溫」離不開它。

　　溫室效應（greenhouse effect，大氣層中某些氣體，將太陽熱輻

射保留在地表的現象）大家應該知道吧？白天，地面吸收陽光的能量，溫度上升；晚上，地面將白天吸收的能量釋放出來，此時二氧化碳會將這些「逃離」地面的能量反射回來，防止地面溫度快速下降，這就具有保溫的作用，否則我們早就被凍壞啦！

此外，氦氣、氖氣、氬氣、氪氣、氙氣等稀有氣體，也廣泛應用於人類生產生活的諸多領域。

正是宇宙恰到好處的「設計」，使得這個世界不平凡。

科學小知識

空氣中二氧化碳含量太高會產生強烈的溫室效應，導致全球氣候變暖，進而帶來冰山融化、海平面上升等一系列生態環境問題。很多國家提出「碳達峰」（按：指二氧化碳排放量達到歷史最高值，達峰之後進入逐步下降階段）和「碳中和」（carbon neutrality，把自身排放的二氧化碳給抵銷掉）目標，就是為了緩解全球氣候變暖的問題。

4 人類只能住在陸地上嗎？

有能力，才有選擇。

　　人類文明源於陸地，人類自誕生以來的確只在陸地上繁衍生息。當然，在一些特殊情況下，人類也會住在大海裡，比如水兵在水下的潛艇中生活。

　　說起潛艇，我想到了《海底兩萬里[1]》（*Vingt mille lieues sous les mers*）這部科幻小說。我就是看了這本書，才成為科學迷，後來又成為科學家。

　　書中情節緊張激烈，讓人身臨其境，大開眼界。但科學有時候比小說還要科幻，曾經只存在於古人想像中的情景，如飛天、探月等都已經成為現實。想必有一天，人類也能移民大海，建造海底城市，並定居在那裡。我們先來暢想一番吧！

　　比方說，海底城市被一個能承受海水巨大壓力的大玻璃罩籠罩著，人們抬頭就能看到各種海洋生物遨遊。而人們呼吸所需的氧氣，則可以透過直接分解海水獲得。當然，只有氧氣也不行，因為人如果突然從氧含量較低的地方（比如高原地區）到氧含量較高的地方（比如平原地區），會出現「高原反應[2]」。因此，我們可以利

用含氮化合物製備氮氣，將它和氧氣混合成「海底空氣」，供人自然、順暢的呼吸。

　　此外，人類生存離不開陽光，我們也可以在海底建一個可控的核融合（按：即核融合能源，指在人工控制之下，利用核融合產生能量）反應堆，讓它像小太陽一樣不斷的製造「陽光」。

　　不過，就算技術上能夠實現，我們也無法在海裡建太多城市，這主要有兩方面的原因。第一，大規模修建海底城市勢必侵占海洋生物的生存空間，影響洋流等，進而對海洋甚至整個地球生態環境造成破壞。第二，建造海底城市的成本非常高。如果不是迫不得已，人類還是首選在陸地生活。

　　不過，除了陸地和海底，你還能想到哪些適合人類生活的地方？不妨發揮想像力，從科學的角度好好分析一下人類居住的可能性。說不定以後你能成為一位預言家！

---

1. 法國小說家儒勒‧凡爾納（Jules Gabriel Verne）的代表性作品。
2. 成因是由於在高海拔地區上空，大氣中氧氣壓力隨高度上升而下降所導致。即時反應有心跳加快、呼吸加速、血壓上升、小便次數多。

5

人類能
住在其他
行星上嗎？

除了適者生存，
恰到好處同樣重要。

不得不說，地球是太陽系天體系統中非常特殊而幸運的存在。為什麼這麼說？我們來看看太陽系行星的排列順序就知道了：地球外層有 4 顆氣態行星（按：主要由氫氣和氦氣等主要氣體組成的大行星），這大幅減小了地球被小行星撞擊的概率。

在類地行星（按：也稱岩石行星，主要由金屬及矽酸鹽岩石所組成）中，水星和金星離太陽太近，不但人類無法在那裡居住，連最耐熱的細菌也無法生存。先說水星，它的表面溫度最高達攝氏數百度。這還不是最可怕的地方，畢竟它還有一些溫度相對低的區域。最可怕的是，水星上的大氣極其稀薄。再看金星，儘管金星上有濃密的大氣層，但其中幾乎都是二氧化碳，劇烈的溫室效應使得金星的表面溫度非常高，甚至比水星的最高表面溫度還高。

接下來看看火星。科學家推測，火星在幾十億年前可能與今天的地球相似，不僅擁有大氣層，溫度也適合人類居住。但後來，火星的大氣層越來越稀薄，表面溫度也因此越來越低，以至於現在的火星根本不適合人類居住。

　　火星之外，還有 4 顆氣態行星，依次是木星、土星、天王星和海王星。氣態環境使得這些行星上存在生命的可能性極小，畢竟生命不可能是氣態，氣體不是會隨時飄散嗎？到目前為止，我們還沒有發現生存空間裡只有氣體的生命。

　　不過，人類倒是在很多科幻作品裡，描繪了居住在地球之外的行星上的情形。英國著名科幻作家亞瑟・克拉克（Sir Arthur Charles Clarke）在「太空漫遊」系列小說裡，便描述了人類前往木星的情節，並猜想木衛二（按：木星的天然衛星之一）上存在生命。

　　不過，依我看，生命的孕育是極其偶然的，我們還未在太陽系的其他天體上發現過生命。只能說人類是幸運的。感受並珍惜生存在地球上的每一刻吧！

如果太陽和月亮
都去休息一小時
……

那我該什麼
時候叫啊？

還不是時候，
再等一小時！

關心世界就是關心我們自己。

我們先來說說太陽。

我們都知道，萬物生長靠太陽，植物進行光合作用需要陽光，人需要透過晒太陽來補充維生素 D，地球表面一年四季的平均溫度保持在 15℃，也是太陽的功勞。如果太陽休息個幾年，那就會發生恐龍滅絕（70％以上的物種全部滅絕）之類的事件。

對於恐龍滅絕的原因，說法有很多種，其中之一是小行星撞擊地球，大量灰塵進入大氣層，空氣中的灰塵遮蔽、吸收和反射了大量陽光，使得地表溫度驟降。

有植物因溫度過低凍死，也有植物無法進行光合作用而枯萎，最後一連串的悲劇發生──植物死了，靠植物維生的植食性恐龍餓死了，肉食性恐龍自然也活不下去了。

休息時間結束，我們回來了！

時間到！

不過，如果只是一小時看不見太陽，我打賭物種滅絕之類的悲劇根本不會發生。還有一種可能，就是太陽在這一小時裡整個消失，那麼它和地球之間的萬有引力就沒有了，地球無法再繞太陽運動，而且在慣性的作用下，還會飛出 10 萬公里遠。好在太陽只消失一小時，事態還在可控範圍內，我們只是離太陽遠了一點。

那麼，如果月亮消失一小時？我覺得還好。也許人們到時候都跑出去看天了。月食（Lunar eclipse，太陽光被遮住所產生的現象）很受歡迎，不是嗎？

> 人類只有一個地球，
> 但地球上不只有人類。

　　毀滅地球？聽起來有點嚇人。希望這只是人們談論的話題，不會真的發生。

　　提到原子彈，我們首先會想到，它是一種殺傷力極強的核武器，幾枚原子彈就能毀掉一座城市、甚至一個國家，從而讓人擔憂地球會被原子彈毀滅。

　　姑且不論核戰爭爆發的種種危害，僅就多少枚原子彈能毀掉地球這一點，我們就無法說清楚。因為原子彈的當量[3]（等效TNT[4] 的噸數）不同，摧毀的面積也就不同：假如一枚當量百萬噸的原子彈可以摧毀一座中等城市，但這並不代表一枚當量千萬噸的原子彈能摧毀 10 倍大的大型城市，因為原子彈殺傷半徑的增加並不等於當量的增加。

---

3. 用於衡量炸藥爆炸的威力，通常以每噸TNT爆炸釋放的能量為單位。
4. 三硝基甲苯（Trinitrotoluene），常見炸藥之一，至今仍大量應用在軍事和工業領域上。

實際上，我們更需要探討的是，假如地球的一部分被摧毀，其餘能維持下去的可能性有多大。這倒有史實可供參考。地球曾遭遇數次不同原因的物種大滅絕。以大約 6,500 萬年前的恐龍大滅絕為例，當時地球上超過 70％的物種慘遭滅絕。一般認為，恐龍大滅絕是一顆小行星撞擊地球造成的（有人認為，這次撞擊的威力甚至是人類已有核彈全部爆發威力的數倍）。

當時，直徑約 10 公里的小行星撞擊地球，灰塵捲入大氣層，使得一年甚至數年內全球日照減少至平時的 1／10，地球面臨可怕的氣候災難——核冬天。也就是，日照減少，先是大批植物滅絕，然後是植食性恐龍滅絕，之後是肉食性恐龍滅絕……。

雖然地球經歷了數次物種大滅絕事件，但每一次都有物種存活了下來，生生不息。從這個角度來看，原子彈或許不會使地球上的所有物種滅絕，更不要說毀滅。

不過，人類只是地球上眾多生物中的一種，我們與其他眾多生物共享地球；我們應該正確認識自我，敬畏大自然，保護我們賴以生存的地球。

沒有紀錄，就沒有發生。

對全人類來說，2020 年是不同尋常的一年。可能有人擔心未來也和 2020 年一樣，才提出了這個問題。我們來試試沿著「反覆過」的思路，看看能推導出什麼吧！

從地球的角度來看，它年復一年的繞著太陽轉，一圈又一圈。所謂年復一年，其實是人類賦予的意義。**就地球而言，年復一年就相當於繞太陽轉了一圈又一圈。**因此，從天文學的角度來看，反覆過 2020 年，世界好像並不會怎樣。

但這裡有一個問題：儘管我們常說：「地球是人類的母親。」但地球的情況可不代表人類的情況。因此，我們還得從自身的角度出發看問題。不過，這樣一來，這個問題就更難回答了。

反覆過 2020 年，是我們僅僅將之後的所有年分，比如 2024 年、2025 年都說成是 2020 年，還是往後的每一年都重複做 2020 年做過的事情？

如果是前一種情況，我們將難以記錄歷史事件，難以區分過去和現在。我們知道，紀年是人類發明出來用以確定時間的方法。不

論是今天世界通用的西元紀年，還是各國使用的年號，都有助於我們確定時間，從而做好歷史紀錄。

　　沒有時間的世界會是怎樣的？

　　人人將不知道自己出生在哪一年、現在多大，沒有長幼、不分先後──這樣的世界應該會混亂吧！

　　如果是後一種情況，那世界會變得很糟，因為人類需要不斷進步。止步不前的話，人類將沒有能力面對出現的新問題，久而久之，人類大概就不復存在了。好在我們依然在往前走，依然在創造，並且不論好壞都將成為歷史。

尊重自然規律，
才能利用自然。

　　時間是什麼？這是一個看似尋常，卻能引發無盡思考和辯論的問題。時間是一個抽象的概念，恆古不變，不被任何事物左右。時間始終伴隨著我們，我們卻看不見、摸不著。一直到人類出現以後，時間才被感知。又因為種種原因，人類需要利用、衡量時間，時間才變得越來越具體——在中國古代，一天被劃分為 12 個時辰（對應 12 地支），現在一天被劃分為 24 小時（源於古埃及人）。

　　如今，小時、分、秒等時間單位的劃分，已不完全遵循地球的自轉和公轉等自然規律。例如，機械錶的指針運動，動力來自其內部的發條。就計時的準確性而言，石英鐘更可靠。因為石英晶體的振動更加穩定：一秒鐘振動 32,768 次。但石英晶體的振動頻率，也與地球自轉和地球繞太陽公轉無關：人們將 60 秒規定為一分鐘，將 60 分鐘規定為一小時。

　　當然，還有比石英鐘更加精準的計時裝置，那就是原子鐘（Atomic clock），它是透過固定銫原子輻射頻率的電磁波來定義一秒鐘。美國貝爾實驗室（Nokia Bell Labs）製造的世界第一座石英

鐘，30 年（超過一萬天）才產生了一秒鐘的誤差。對一般人來說，石英鐘已經很精準，但原子鐘的計時精度還要更高得多：幾十億天，才會產生一秒鐘的誤差。

這麼精確的時鐘用來做什麼？大家知道現在的汽車、手機大都會裝載導航系統，導航系統的順利運行離不開衛星，而衛星都要搭載極其精確的原子鐘，因為**衛星 10 億分之一秒的時間誤差，就將導致地球上 0.3 公尺的距離誤差**。

你看，從最初的發現自然規律，到後來的確定標準，再到今天的掌握和利用，隨著人類認知水準的不斷提高，縹緲的時間變得有用起來——可計算、可規畫、可支配。所以不妨說，時間是我們人類自己規定的。

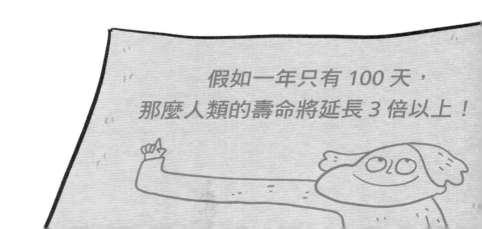

假如一年只有 100 天，那麼人類的壽命將延長 3 倍以上！

威力越大的事物，
越要謹慎利用。

　　小時候，我曾和小夥伴做過一件壞事：用放大鏡對準一些小昆蟲的屍體，當陽光透過放大鏡聚焦在牠們身上時，牠們被燒焦了！原來，我們在外面晒太陽沒事，但將陽光聚焦竟然能產生這麼大的威力！

　　言歸正傳，雷射的應用很普遍，比如老師用雷射筆講課、醫生透過雷射去除病變組織等。雷射的確會被用於製造武器，只是人們不太可能直接用雷射武器取代傳統槍械（攻擊小型目標），原因在於雷射武器，尤其是高能雷射武器的輸出功率經常達到幾百甚至幾千瓦（按：能量單位，表示 1,000 瓦〔W〕＝kW）。一旦功率夠大，雷射武器就有可能被用來攻擊大目標，比如摧毀導彈或衛星。

　　那為什麼製作武器要用雷射？太陽光不行嗎？想必你從我小時候的經歷中也見識到了陽光聚焦後的威力。但我們要注意的是，不用放大鏡聚焦，陽光的破壞力並沒有這麼強，因為陽光的方向性較差（按：指陽光朝同一方向傳遞時容易擴散）。最好的例子就是，我們晚上打開手電筒，用來照亮腳下的路沒有問題，但想看清遠處的

路就不行了，因為光會越傳越散。反之，雷射的方向性就非常好。
發射一束雷射後，就能照到很遠的地方。

　　此外，雷射的亮度非常大，有些大功率雷射器發出的雷射亮度
比太陽表面的亮度大數百億倍。如果把這種雷射器應用在武器上，
連導彈都會被汽化（vaporization，物質從固態或液態轉變成氣態的
過程；分成蒸發和沸騰），更不要說人了。

「禍兮，福之所倚；
福兮，禍之所伏。」
——《老子》第 58 章

　　科幻電影裡的打鬥場面往往十分炫目，人們會使用一些高科技武器，比如能發射出致命光束——可能是能量束，也可能是粒子束的神祕武器。有些粒子的確具有破壞力，比如核彈爆炸後產生的放射性粒子，就會對人體產生危害；還有一種未來武器，叫做相位槍（phaser，也叫光炮），但它不是發射出強大的能量束，而是會改變物體結構的波。儘管這種波能量不大，不能把人變成粒子，卻能引起人體與之共振，極具殺傷力，因此稱為量子武器也不無道理。

　　「相位」這個詞聽起來有點陌生，其實就是大家知道的共振。我們可以做一個簡單的實驗：找一個乾淨的碗，一根手指搭在碗沿上滑動。當手指的速度快到一定程度時，我們會聽到碗振動的聲音。這是因為碗的振動具有固定頻率，當手指滑動的頻率達到碗的振動頻率時，即使手指沒怎麼用力，碗也會振動起來。

　　你發現了嗎？在很多科幻電影中，無論是人類還是外星人，攜帶的武器在外形上大都和現代的衝鋒槍或手槍類似，只不過不是發射子彈而已；有些武器看上去更加原始，比如《星際大戰》中絕地

武士用的光劍。

　　當然，這樣做也許是出於視覺效果的需要——你可以想像一下外星人用念力互相攻擊的場面，是不是就沒那麼好看了？話說回來，在武器製造方面，人類的想像力還是別那麼豐富吧！

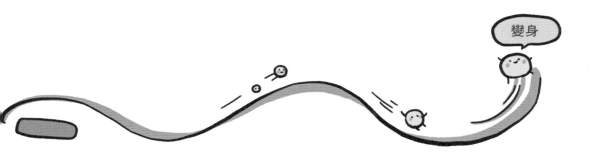

變身

12 流星撞向地球，怎麼辦？

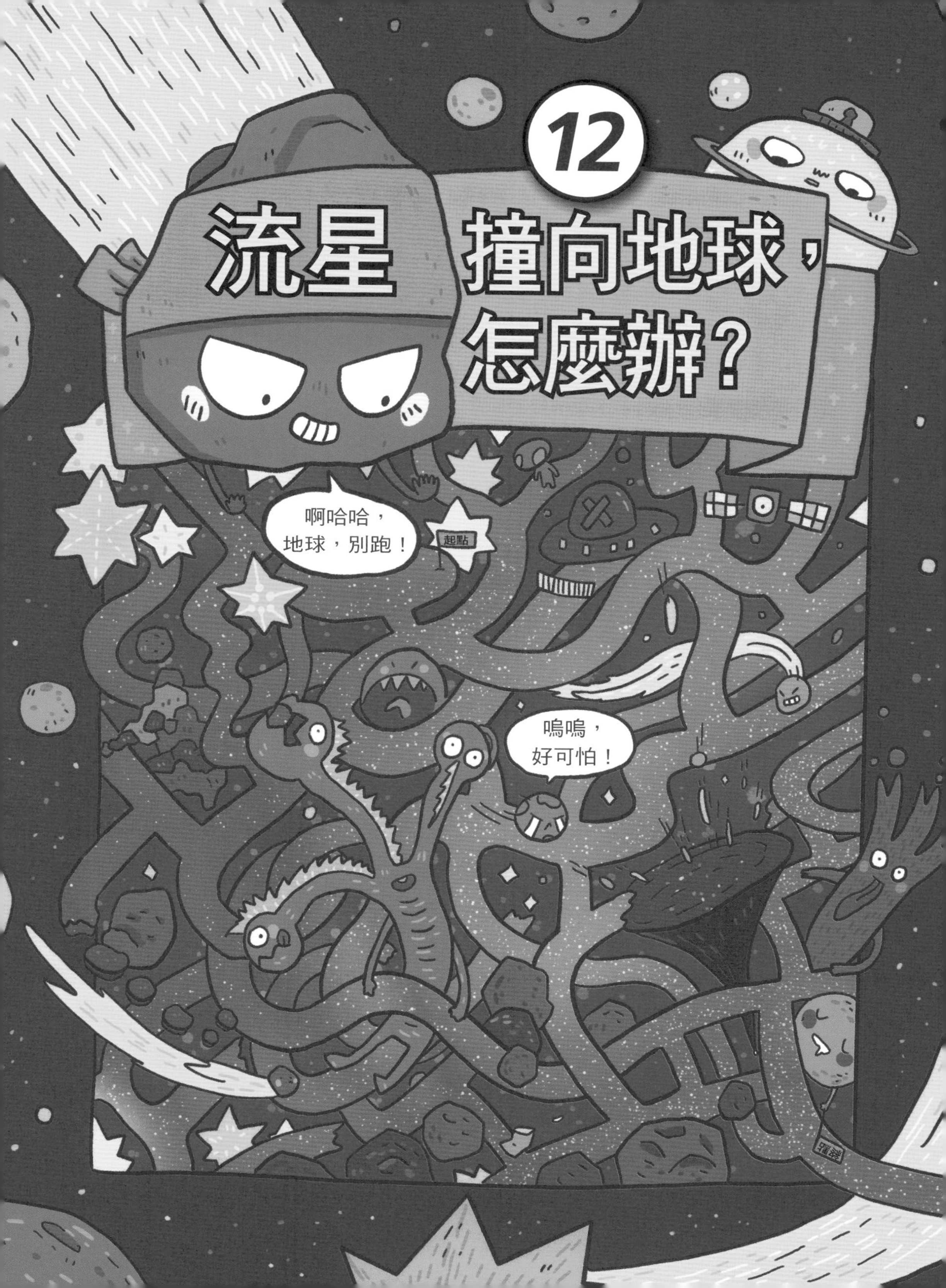

> 盡人事，聽「天」命。

我們隔三插五就聽說有一顆流星在幾百萬公里之外的太空和地球擦肩而過，每一次我們聽完後都鬆了口氣：真神奇，幸好又有驚無險！

不過，這讓人不禁聯想到《狼來了》（*The Boy Who Cried Wolf*）的故事。如果有一天真的來了？雖然我覺得現在的人類在有生之年不會遇到這種天災，但為了我們的後代、人類的將來，為防止一顆大流星撞擊地球做好準備，還是有必要的。

> 呼⋯⋯真危險！

　　其實，地球經常遇到「天外來客」，只不過這些都不足以對地球造成嚴重的危害。例如，每年都會出現很多次的流星雨——大多數流星會在大氣層中燃燒殆盡，少數落到地面的反而變成珍貴的隕石。那有毀滅性的撞擊事件嗎？很多科學家認為，6,500 萬年前的地球就被一顆直徑約 10 公里的小行星撞擊，導致地球上的氣候變得極其惡劣——類似於「核冬天假說 5」（Nuclear winter），才使得統治地球長達 1.6 億年的恐龍滅絕。

　　現在，為了以防萬一，很多國家都建立了專門觀測小行星的天文臺。不過，就目前的技術而言，如果一顆直徑達到或超過 10 公里的小行星撞向地球，人類將無計可施。或許在不遠的將來，人類將有能力用氫彈之類的爆破力極強的武器，炸毀撞來的小行星，或者在小行星上安裝發動機後，將其慢慢推離地球。如果撞向地球的小行星太大，上述方法將完全失效，那個時候的人類大概只能離開地球、尋找其他家園。

5.　關於全球氣候變化的理論，預測大規模核戰爭可能產生的氣候災難。

13 如果地球

萬事萬物都有聯繫，
沒有完全孤立的存在。

旋轉是地球運行的基本狀態。就生態環境而言，簡單思考一下，我們就能列舉出一些地球停止轉動的後果，比如洋流消失、大氣對流發生改變、氣候發生巨變。事實上，地球停止轉動的那一刻，在慣性的作用下，滔天巨浪將席捲陸地，人類將面臨的災難就可想而知了。

假如地球僅僅停止自轉，但仍繞著太陽公轉，那麼地球的一個半球將有半年的

怎麼不睏？

停止轉動……

時間一直正對太陽，也就是一直處於白天；等地球轉到太陽的另一邊，這個半球就背對太陽，此時黑夜將持續半年時間。

　　也就是說，地球上或許還有晝夜更替現象，只不過週期不再是一天，而是一年。

　　如果地球上的白天長達半年，溫室效應會導致面對太陽的半球溫度升高到攝氏數百度，地球表面的液態水將全部蒸發；而在背對太陽的那個半球，長達半年的黑夜會使地表溫度降到不適宜絕大多生物生存的程度。

　　其實，**地球的自轉速度一直在變化——越來越慢**。只是由於太陽的存在，地球最終不會停止自轉，最有可能出現的情況是自轉與公轉同步，從而出現潮汐鎖定（Tidal locking）現象——在萬有引力的作用下，一個天體永遠以同一個面對著另一個天體。

　　地球與月球之間就存在潮汐鎖定現象。月球永遠以同一面朝向地球，另一面永遠背對地球，月球的自轉週期和它繞地球公轉的週期一樣。

　　這就好比我們扶著一把轉椅繞一圈，在這個過程中，我們總是正對著這把轉椅。當我們繞轉椅轉了一圈時，轉椅也轉了一圈。在太陽系，除了月球被地球「鎖定」以外，水星也幾乎被太陽鎖定了，現在它的自轉週期只比公轉週期短一點點。

　　中國電影《流浪地球》中，曾有這樣一個情節：人類為了用發動機將地球推離太陽，要先讓地球停止自轉，這樣安裝在地球上、正對太陽的發動機才能發揮作用。如果真有這麼一天，人類可能只有住在地下，才能避開地表發生的可怕災難。

我想睡覺了。

14 星際移民能實現嗎？

居安思危，
才能有備無患。

不得不承認，科學家還沒有找到實現星際航行或星際移民的方法，但這不妨礙我們大膽想像。相關主題的科幻作品，比如很多人都看過或有所耳聞的科幻電影《星際爭霸戰》（*Star Trek*）、《星際大戰》、《流浪地球》等，透過恢宏的想像，不斷刷新我們的認知。

《流浪地球》為我們呈現了壯觀的星際航行：人類不是透過太空船離開地球家園，而是直接「開動」地球！當然，影片裡人們開動地球是為了應對人類可能遇到的最極端的災難——太陽爆炸，而非星際移民。

但截至目前，人類的太空探索基本上不是用人造衛星、星際探測器等無人太空梭，就是用宇宙飛船、航天飛機等載人太空船。除此之外，還有更好的方法嗎？暫時沒有。噴射機和火箭的工作原理是一樣的，都是透過向後噴射獲得反作用力。《流浪地球》裡的人也

是用這一原理開動地球，只不過噴出氣體的裝置是核融合離子噴射器而已。

　　目前，人們使用的燃料無論是固體燃料，還是液體燃料，都屬於化學能源。這就限制了太空船的速度。目前太空船的速度最快只能達到每秒十幾公里，要想以這個速度實現星際航行是不可能的。即使是離地球最近的恆星比鄰星（按：一顆暗淡的紅矮星），因距離地球有 4 光年之遠，就算是接近光速的太空船，也要飛 4 年才能從地球抵達比鄰星，而現在的太空船可能需要 4 萬年！

　　難道星際航行就真的毫無希望嗎？

　　方法還是有的，不過至少要等到可控核融合可行，或者英文物理學家史蒂芬‧霍金（Stephen Hawking）發起的「突破攝星」（Breakthrough Starshot）計畫（發射很小的太空船後，利用雷射來加速）能夠實現的時候。

　　如此小的太空船雖然不能載人，但可以承載人類的基因，或者像《流浪地球》裡描繪的那樣，載著人類和動物的受精卵，這樣做或許更容易實現星際移民。

15 如果發生災難，人類怎麼逃離地球？

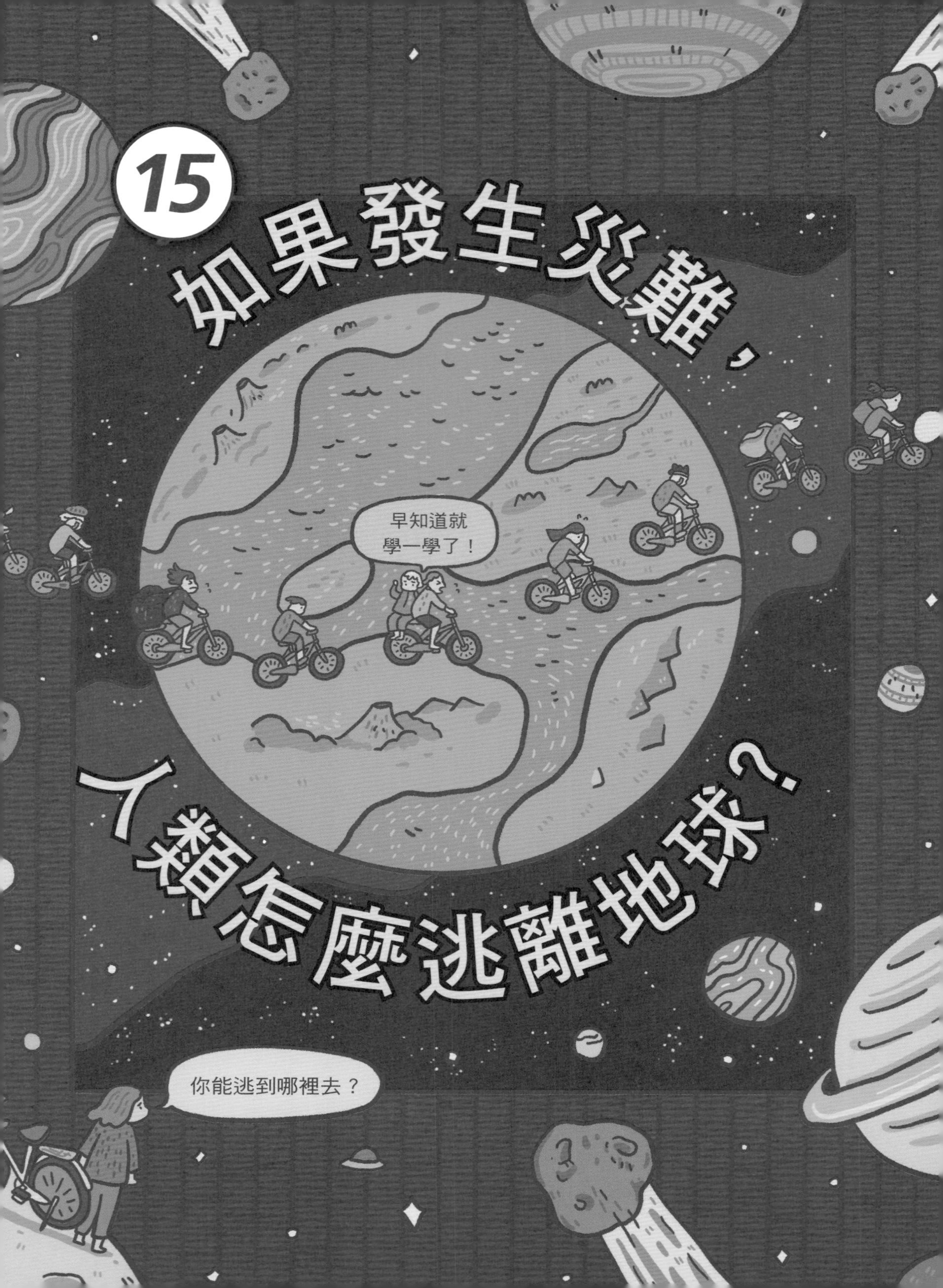

心懷希望是最好的選擇。

　　看過科幻災難片以後，可能不少人想過這個問題。有些電影提供了解決方案，比如驅動地球離開太陽系，人們一起去尋找下一個家園，也就是另一個恆星系；或者乾脆製造一艘太空梭，讓其載滿人類的受精卵，然後在太陽系之外找一顆宜居行星，由這些受精卵發育成人，完成人類繼續繁衍的使命。後者並不是最佳方案，更像是一種不得已的選擇，畢竟這樣做等於放棄了地球上生活的所有人，以及地球這一人類賴以生存的家園。

　　但是，要把地球上的所有人全部帶走，除非我們能夠製造出數量可觀的太空船，而且每艘飛船還要裝載夠多的能源和資源供飛船本身和所有船員消耗，否則幾乎是不可能的。

　　我們可以簡單計算一下，看看人類能否做到「飛船自由」。假設每艘飛船能乘坐 100 個人，那麼地球上的 70 億人，就需要 7,000 萬艘飛船。

　　毫無疑問，我們不可能裝太多食物，也不可能幾個月或幾年就找到適合住的星球，因此我們只有在飛船上生產糧食，才有機會活

下去。

　　按照現在我們對糧食的需求，一個人至少需要 1,000 平方公尺受到足夠光照土地生產的糧食。假設每個人需要一塊邊長約 30 公尺的正方形土地，一艘飛船上共有 100 個人，就需要 100 塊這樣大的土地；再假如按照每層 10 人、總計 10 層（層與層間隔 10 公尺）的標準估算，那麼飛船將是一個長 300 公只、高 100 公尺、寬 30 公尺的龐然大物。

　　假設人類攻克了人工熱核融合技術難題，解決了光照問題，或許可以建造出一艘規模如此大的飛船，但 7,000 萬艘？需要多久才能造完？真的難以想像。不要忘記，我們還沒有算上食物以外的生存必需品。

　　如果不可避免的災難真的發生，地球不再適合人類生存，或許讓受精卵去其他星球繁衍將是最好的選擇，雖然這會犧牲掉地球上的人類。我想，我們可以做出這樣的抉擇。你覺得如何？

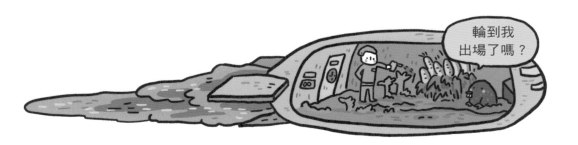

16 100年後，世界會變成怎樣？

未來雖遠，但是可期！

　　對科幻小說家、科幻電影導演和未來學家來說，100 年後代表近未來已經結束、遠未來剛剛開始。一般來說，對近未來的預測以現實為基礎，而無法被預測的未來被稱為遠未來。

　　不過，鑑於近兩百年來人類科技的飛速發展，恐怕 50 年以後就是遠未來了。就拿 50 年前的世界來說：馬路上汽車很少，根本不會塞車；坐火車往往需要好幾天才能抵達目的地，坐飛機更是很多人想都不敢想的事。無論如何，當時的人們都想不到 50 年後會有高鐵，更不要說今天的智慧型手機、行動支付這樣的高科技。

　　毫無偏差的想像未來非常難，但以科學為基礎，透過邏輯思維推斷未來的大致輪廓是可能的。50 年前的人或許難以想像今天智慧型手機的普及程度，但英國科幻小說家亞瑟・克拉克 50 多年前寫的《2001 太空漫遊》（*2001: A Space Odyssey*），就描述了我們今天才有幸目睹的場景：太空船上裝有智慧螢幕，太空人不僅可以看新聞，還能與地球上的人通話。所以，儘管預測未來很難，我還是可以嘗試描繪一下 100 年後的世界。

那個時候，我們不再依賴化石能源，一切能源全部來自熱核融合；能量不再由電池提供，而是由遍地的射電能量供給站提供；所有工具都可以透過接收電磁波的方式「充電」。又或者是，乘坐太空梯成為最熱門的旅遊活動，人們可以藉此縱覽地球風景，或者到太空體驗失重。一部分人開始移民到地月系統（按：地球與月球構成的天體系統）的拉格朗日點[6]（Lagrangian point），那裡的站有大片分層土地，人們可以在上面種植莊稼。

那時，工業和農業人口只占人口總數的一小部分，大多數人從事文學和藝術創作，而創作的目的主要是提供自己一個工作和享受的機會。

你想像中 100 年後的世界是什麼樣子的？1,000 年、10,000 年後的世界呢？

6. 拉格朗日點理論是由義大利裔法國籍數學家拉格朗日（Joseph-Louis Lagrange）提出，指受兩大物體引力作用下，能夠使小物體穩定的點。

創作者訪談一：李淼

1 物理學家是怎麼看待世界的？

如果說物理學家看待世界的方式與眾不同，就是他們認為所有事情的發生有多個原因，並且原因是相關的。

2 作為老師，什麼樣的問題算是一個好問題？

我認為，可以引出更多問題的問題就是好問題。就像我們這套書收錄的許多問題，不僅能讓讀者獲得答案，同時也能拓展思路。

3 對書中哪些問題，印象最深刻？為什麼？

我對「太陽能被水澆滅嗎？」這個問題印象最深刻，這個角度可是科學家想不到的。這也讓我拋開科學家的身分，去探索孩子的世界。想知道答案嗎？去書中找找看吧！

4 **寫這套書時，最開心的是？**

除了因解決一個個腦洞大開的問題，而獲得的成就感，我最開心的是，看到插畫家垂垂創作的一幅幅妙趣橫生的插圖。

5 **小時候最關心哪些問題？有沒有腦洞大開的時候？**

我小時候幾乎對所有事情都感興趣，尤其是和日常生活相關的事，例如，未來的家具會不會都是塑膠？當然，這樣的期待可說是大錯特錯。不過，塑膠家具會帶來哪些便利和不便？這樣一想，它也算是一個引人想像的好問題吧！

6 **請對不愛讀科普書的孩子說些什麼吧！**

讀讀這套書吧！看看別人怎樣觀察和思考身邊的事物，想像遙遠的宇宙未來，或許會對你有所啟發。你會發現，科學並不只有難懂的原理和複雜的公式，還有好玩、神奇的現象和令人豁然開朗的答案。當你了解了某條科學規律，並試著用它解決了實際問題後，會產生一種滿足感。保有這份滿足感，讓它帶你走進科學的世界，我保證一定十分值得。

創作者訪談二：垂垂

1 在這套書中，也有你提的問題？

我代表小時候的自己提了兩個問題：「魚為什麼很少被閃電擊中？」（按：請見《這是一個好問題 1：這是為什麼》）和「流星能不能是貓的樣子？」。不知道有沒有讀者和我有類似的困惑？

2 書中還有哪些印象最深刻的問題或回答？為什麼？

「怎麼讓假期變長？」這個問題我很喜歡，它讓我瞬間打開思路——如果真有辦法，我會怎麼度過假期？假期裡我家的貓會長大嗎？多長的假期才算長？看來，能引發更多問題的問題，的確是好問題（好像繞口令）。

3 畫中有大量精心設計的插畫細節，請介紹一下。

每個問題我都花心思做了許多設計，細節上最明顯的就是作者淼叔的頭像；頭像一開始是照著淼叔的照片畫，後來我發

現將頭像和問題結合，可以讓背景元素更有一致性，並且與內容互相呼應，感覺就像森叔站在大家面前回答問題一樣！

4 創作的過程中，有沒有什麼好玩的事？

說到好玩，記得我在「如果有一天，手機不是長方形……」的插畫過程中（按：詳細請參考這套書第一冊），大家一起腦力激盪，設計了好多日常生活中不可能出現的手機，例如透明的手機、三角鏢運動手機、星形手機，以及多人一起使用的手機等，還認真的假想了販售價格和付款人數。畫得非常過癮！

5 作為這套書的創作者兼第一讀者，想對讀者說些什麼？有沒有腦洞大開的時候？

說實話真不敢想像，我畫了這麼多好玩的插畫！對我來說，書中的很多問題本身就是真知灼見，例如「宇宙爆炸會發出巨響嗎？」、「鏡子是什麼顏色？」（按：詳細請參考這套書第一冊）。

我還喜歡森叔頭像旁邊的金句。不管怎樣，大膽提問吧，問出你感興趣的問題，說不定你會得到意想不到的答案！希望讀到這套書的每一個人都能有所收穫！

dri11 023

這是一個好問題 2：那會怎麼樣

承認未知事物，然後想像可能答案，是所有科學探索的開始。

作　　　　者／李　淼
插　　　　畫／垂　垂
責 任 編 輯／黃凱琪
校 對 編 輯／許珮怡
美 術 編 輯／林彥君
副 總 編 輯／顏惠君
總 　 編 　 輯／吳依瑋
發 　 行 　 人／徐仲秋
會 計 助 理／李秀娟
會 　 　 　 計／許鳳雪
版 權 主 任／劉宗德
版 權 經 理／郝麗珍
行 銷 企 劃／徐千晴
業 務 專 員／馬絮盈、留婉茹、邱宜婷
業 務 經 理／林裕安
總 　 經 　 理／陳絜吾

國家圖書館出版品預行編目（CIP）資料

這是一個好問題 2：那會怎麼樣：承認未知事物，
然後想像可能答案，是所有科學探索的開始。／李
淼著；垂垂繪. -- 初版. -- 臺北市：任性出版有限
公司，2023.12
208 面；17 × 23 公分. --（dri11；023）
ISBN 978-626-7182-38-3（平裝）

1.CST：科學　2.CST：通俗作品

300　　　　　　　　　　　　　　　112016215

出 　 版 　 者／任性出版有限公司
營 運 統 籌／大是文化有限公司
　　　　　　　臺北市 100 衡陽路 7 號 8 樓
　　　　　　　編輯部電話：（02）23757911
　　　　　　　購書相關資訊請洽：（02）23757911　分機122
　　　　　　　24小時讀者服務傳真：（02）23756999
　　　　　　　讀者服務E-mail：dscsms28@gmail.com
　　　　　　　郵政劃撥帳號：19983366　　戶名：大是文化有限公司

法 律 顧 問／永然聯合法律事務所
香 港 發 行／豐達出版發行有限公司
　　　　　　　Rich Publishing & Distribution Ltd
　　　　　　　地址：香港柴灣永泰道 70 號柴灣工業城第 2 期 1805 室
　　　　　　　　　　　Unit 1805, Ph.2, Chai Wan Ind City, 70 Wing Tai Rd, Chai Wan, Hong Kong
　　　　　　　電話：2172-6513　傳真：2172-4355　E-mail：cary@subseasy.com.hk

封 面 設 計／禾子島
內 頁 排 版／黃淑華
印 　 　 　 刷／鴻霖印刷傳媒股份有限公司

■ 2023 年 12 月初版　　　　　　　　　　　　　　　　Printed in Taiwan
ISBN 978-626-7182-38-3　　　　　　　　　　　　　　定價／新臺幣 390 元
電子書 ISBN　9786267182420（PDF）　　　　　　　（缺頁或裝訂錯誤的書，請寄回更換）
　　　　　　　9786267182437（EPUB）　　　　　　　有著作權・翻印必究